KB176111

나는 혜화동 한옥에서
세계 여행한다

나는 혜화동 한옥에서
세계 여행한다

초판인쇄 2020년 6월 1일
초판 3쇄 2020년 6월 26일

지은이 김영연
펴낸이 채종준
기획·편집 신수빈
디자인 서혜선
마케팅 문선영

펴낸곳 한국학술정보(주)
주 소 경기도 파주시 회동길 230(문발동)
전 화 031-908-3181(대표)
팩 스 031-908-3189
홈페이지 http://ebook.kstudy.com
E-mail 출판사업부 publish@kstudy.com
등 록 제일산-115호(2000. 6. 19)

ISBN 978-89-268-9964-9 13980

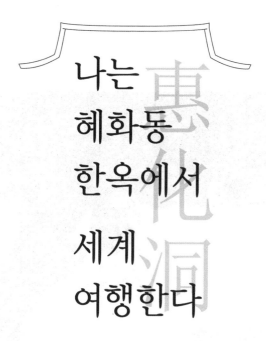

나는 혜화동 한옥에서 세계 여행한다

게스트하우스 주인장의 ———————— 김영연 지음
안방에서 즐기는

세계 여행 스토리

유진하우스에
오신 것을 환영합니다

Prologue

"사람이 온다는 건 실로 어마어마한 일이다.

그는 그의 과거와 현재와 그리고 그의 미래와 함께 오기

때문이다."

내가 좋아하는 정현종 시인의 시 일부다. 이처럼 한 사람이 오는 것은 엄청난 일이다. 그런데 세계 각국에서 온다면 어떨까? 10년 동안 전 세계에서 수많은 사람이 왔던 한옥 게스트하우스인 유진하우스에는 얼마나 다양한 이야기가 쌓여 있을까?

전 세계 각국으로 비행기를 타고 여행을 하는 사람은 많아졌지만, 서울 한복판에서 전 세계인들을 만나 삶을 나누고, 소통하는 사람은 많지 않다. 10년 이상 사대문 중심에 위치한 혜화동에서 게스트하우스를 운영하면서 전 세계인들에게 한국의 전통 가옥인 한옥을 경험하게 해주었다.

그동안 나 홀로 여행객을 비롯한 가족, 친구, 회사 동료, 해외 입양인 등 수많은 사람이 다양한 목적을 가지고 왔다. 낯선 사람에 대한 경계는 하루, 이틀을 함께 민낯으로 지내다 보면 저절로 허물어진다. 어느새 우리는 한 가족이 된다. 이제까지 살아온 생활 습관이 다르고 문화가 달라도 서로 통하는 것이 있다. 오랜 친구를 다시 만난 듯 마음을 활짝 열게 되는 경우도 있다. 이런 분들과는 국제정치 관계를 떠나 서로를 사랑하고 아끼게 되고, 남은 생애 동안 돈독한 친구 관계를 유지하며 살아간다. 그렇게 한옥 유진하우스의 손님과 주인장은 우리들만으로도 의미 있는 역사를 만들어가고 있다.

젊었을 때는 어디론가 훌쩍 떠나고 싶을 때도 있었다. 낯선 곳, 새로운 환경에서 나의 존재를 다시 확인하고 싶기도 했다. 가고 싶은 곳도 많아서 이곳저곳 많이 다녔다. 하지만 이제는 우리 집으로, 한국으로 많은 사람들이 와 준다. 수많은 세계인들이 함께 삶을 나눈다. 여러 인종, 문화, 언어의 타인들이 어울려 살아가는 방법을 배울 수 있으니 세상의 중심이 바로 유진하우스라고 말하는 사람도 있을 정도다.

이 책은 글로벌 한옥이 된 게스트하우스의 이야기다. 전 세계인들이 찾아와서 자신의 인생을 나눈 다양한 스토리가 담겨 있다. 세계 각국 사람들의 삶은 어떤 모습인지 궁금한 사람들에게 이 책이 도움이 되리라 믿는다. 우리가 미처 생각할 수 없었고,

경험하지 못했던 다양한 나라의 인종들이 전하는 진솔한 인생 이야기가 들어 있기 때문이다. 세계 각국의 사람들을 만나는 가슴 떨리는 경험을 많은 사람들과 공유하고 싶다. 이 책이 여러분들의 삶을 조금 더 풍요롭게 하는 영양분이 되길 희망한다.

한국인의 삶을 성찰하는 곳, 세계를 여행하고 세계 사람들을 만나는 한옥 유진하우스에 오신 것을 환영합니다!

목차

Contents

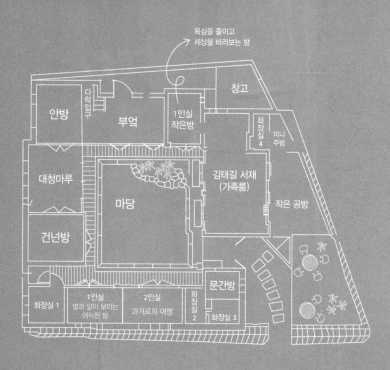

유진하우스 도면

욕심을 줄이고
세상을 바라보는 방

창고

안방

다락입구

부엌

1인실
작은방

화장실 4

미니 주방

대청마루

마당

김태길 서재
(가족룸)

작은 공방

건넌방

화장실 1

1인실
별과 달이 보이는
아늑한 방

2인실
과거로의 여행

화장실 2

문간방

화장실 3

Part 1

혜화동 한옥
게스트하우스를
운영합니다

○

80년 된 한옥이 가진 역사

전 세계인의 발길이 닿는 곳 '유진하우스'

한옥 안방 1열에서 누리는 특권

한옥은 뭐가 달라요?

'유진이 엄마'라고 불러주세요

80년 된 한옥이 가진 역사

폐허처럼 방치된 한옥을 고치면 사람이 살 수 있을까? 2년 동안 아무도 살지 않은 이 한옥은 수풀이 우거졌고, 오래된 물건들이 나뒹굴었다. 무서운 생각까지 들 정도다. 그래도 찬찬히 살펴보니, 대청마루의 대들보와 서까래는 좋은 소나무로 만들어졌다. 처마도 홑처마가 아닌 겹처마다. 집의 골격은 튼튼해 보였다. 비교적 넓은 마당에는 햇살이 가득 비쳤고, 대문도 안대문과 바깥 대문까지 하나 더 있다. 'ㅁ자형' 한옥이다. 잘 고치면 아름다운 한옥이 되겠다 싶었다.

서울시 종로구 혜화로12길 36은 1940년부터 토지대장 기록이 있다. 그 당시, 경복궁 주변 동네를 정비하느라 궁정동 가까이 있는 허술한 집들은 없앴다. 혜화동에 있는 이곳은 동촌인

셈인데, 철거민들을 이 부근으로 이주시켰다. 그래서 북촌에 비해 늦게 지어졌다. 비교적 개발이 늦은 덕분에 집터를 넓게 잡아 정원이 넓은 한옥도 많았다. 관리상 어려움과 수익성을 따라 후손들이 오래 보존하면 좋았을 만한 아름다운 집을 헐고 다가구를 지었다. 지금은 섬들처럼 한옥이 띄엄띄엄 남겨져 있을 뿐이다.

한옥 게스트하우스 〈유진하우스〉

서울 도심 혜화동의 75평 한옥은 우리 세 식구가 살기에는 큰 집이다. 우리 식구는 한옥을 널리 알리고, 가정 수입을 벌기 위해 한옥 게스트하우스를 운영하기로 했다. 2009년 여름에 이사를 왔다. 한옥의 원형은 살리되, 손님들이 불편하지 않을 정도만 수리했다. 작은 아파트를 팔아서 한옥을 사고, 수리하는 일은 벅찼다. 70년이나 된 오래된 집이었고, 2년간 비어 있던 집이었다. 리모델링은 시골 어느 아파트 한 채를 사는 것만큼 돈이 많이 들었다. 원룸이나 지어서 임대업을 하는 것이 훨씬 쉬울 텐데, 힘들게 무슨 게스트하우스를 하느냐고 주변에서 말리기도 했었다. 그때까지만 해도 내가 하고 싶은 일은 꼭 하고 살겠다는 고집이 있었다. 그만큼 한옥을 지키고 싶은 욕심이 컸다.

유서 깊은 한옥들처럼 ~당(堂), ~재(齋)로 이름을 지을까? 게스트하우스를 운영하려면 이름이 필요했다. 그리 오래된 고택도 아니고, 현대적인 느낌이 나는 집을 그렇게 부르는 건 왠지 어색하게 여겨졌다. 그런데 방긋방긋 웃는 유진이를 내세워서 '유진하우스'라고 하면 어떻겠냐는 지인분의 의견이 있었다. 그렇게 딸 이름을 따 '유진하우스'로 이름을 지었다. 영어 Eugene's house는 유진(Eugene)이라는 이름이 영어권에 흔해서 외국인들

이 기억하기 쉬웠다. 일본어로도 친한 친구라는 뜻의 友人(ゆう
じん/유우진)은 발음이 비슷하다. 부르기 쉽고, 듣기 쉽고, 외우기
쉬우니 유진하우스는 그야말로 최고의 결정이었다.

여태 10년 동안 유진하우스라는 이름을 걸고, 게스트하우스
를 운영해 왔다. 처음 만나는 사람들과 인사를 나눌 때 "유진하
우스의 유진이 엄마예요"라고 하면, "아~ TV에서 봤어요!" "여
기 들어봐서 알아요" 등등 아는 척을 해주시는 분들이 많다. 혹
시 유진하우스가 좋은 이미지로 알려지지 않으면 어떡하나 싶
어 의기소침해질 때도 있다.

유진하우스를 열고 얼마 되지 않아 KBS1 〈아침마당〉에 출연
한 적이 있다. 나중에 작가님께 그 많은 게스트하우스 중 왜 우
리 집을 선택했냐고 물었다. 내가 사전인터뷰 때 이야기를 잘해
주어서 그랬다고 한다. 전화상이라 편하게 말했을 뿐인데, 아마
도 작가님이 좋게 보신 것 같다. 방송은 '한옥 게스트하우스 운
영자들의 별난 세상, 멋진 인생'이라는 테마로 진행됐다. 이금희
아나운서와 김재원 MC가 사회를 봤던 때다. 계동의 '우리 집'
게스트하우스, 안동의 '수애당'이 함께 출연했다. 패널로는 김학
래(코미디언), 임수민(아나운서), 남상일(국악인) 3분이 나오셨다. 아
침 8시 25분부터 9시 30분까지 진행되는 생방송이었다.

　방송 며칠 전에 미리 원고를 받았지만, 바빠서 제대로 볼 시간이 없었다. 방송국에 도착해서야 방송 스토리를 겨우 훑어볼 수 있었다. 우리 부부는 개량한복을 차려입고, 유진이는 한복을 입었다. 누구나 아는 방송이라 부담스러웠다. 특히 생방송이라 더욱 긴장되기도 했다. 방송 출연이라는 좋은 경험을 했지만, 초보라는 표시가 났다. 방송 출연 이야기가 나오면 부끄러워서 언급을 늘 회피했다.

　이후 전국에서 전화가 왔다. 연락이 없었던 사람들까지 소식을 물어왔다. 가끔 해외에 사는 사람들도 봤다고 해서 방송은 역시 무섭구나 싶었다. 한옥 게스트하우스를 운영하는 사람들이 한국 문화를 외국인들에게 알리기 위해 어떤 노력을 해야 할지를 다시 생각하는 계기가 되었다. 아직도 부족한 부분이 많다. 자체적으로 보완할 점은 보완해가고, 도움이 필요한 점은 서로 힘을 합쳐 도와가야 함을 느끼고 공감했다.

유진하우스를 처음 시작할 때 모든 것이 힘들게 여겨졌다. 유진이에게 "유진아, 우리는 네 이름도 팔고, 팔 수 있는 것은 다 팔아야 해"라고 했다. 유진이는 큰 눈을 더 크게 뜨고는 놀라서 "엄마, 나는 제발 팔지 마세요"라고 했다. 아마도 유진이 자기까지 팔겠다는 이야기로 들렸나 보다. 마흔에 겨우 얻은 딸, 유진이를 이 모양 저 모양으로 팔면서 유진하우스를 운영해 가고 있다.

한옥 수리가 거의 끝나갈 무렵, 한옥체험업*법이 시행되었다. 필요한 서류들을 준비해서 구청에 등록했다. 처음 시행된 법이라 구청 직원도 잘 몰랐다. 서로 물어가며 겨우 등록을 마칠 수 있었다. 2009년 12월 말 종로구청으로부터 관광 편의시설업 지정증(제26113-2009-000001호)과 사업자등록증을 교부 받았다.

---

* 한옥(주요 구조부가 목조구조로써 한식기와 등을 사용한 건축물 중 고유의 전통미를 간직하고 있는 건축물과 그 부속시설)을 소유하고 있는 자가 숙박체험에 적합한 시설을 갖추어 관광객에게 이용하게 하는 업.

유진하우스가 한옥체험업법 종로구 등록 제1호다. 많은 사람들이 한옥체험업법이 처음 시작돼 길 없는 길을 어떻게 가고 있는지 궁금해했다. 등록 절차와 운영 방법을 알려고 전국에서 문의가 왔고, 또 직접 찾아오기도 했다. 법으로 정해진 테두리 내에서 한국 전통을 알리고 보존하는 일이라 생각했다. 여러 가지 문헌 조사도 해보고, 한옥에서 할 수 있는 일들을 하나하나 챙기기 시작했다.

우리 조상들이 살아온 가장 기본인 의식주(衣食住)가 무엇인지를 생각했다. 주(住)는 한옥의 모습을 갖추었으니, 집 안팎을 전통적인 물건들로 장식했다. 옛날 조상들이 사용했던 전통 고가구도 방안에 두고, 그림과 글을 벽에 걸어 두었다. 마당에는 장독을 비롯한 민속품들을 놓아 예스러움이 느껴지도록 했다. 그리고 의(衣)와 식(食)으로 내용을 담아내야 했다. 우선 의(衣)는 우리라도 개량한복을 입으려고 신경을 썼다. 외국인들도 체험할 수 있도록 전통 한복부터 지금 유행하는 패션 한복은 물론 두루마기, 혼례 한복까지 다 갖추었다. 머리에 쓰는 족두리, 가채, 망건, 갓 등을 모았다. 한복을 입을 때 들었던 원색으로 만든 핸드백도 다양하게 준비했다. 고무신과 비단 꽃신까지 한복 대여점을 차리고도 남을 만큼 많다.

한복 대여점이 유행하기 전부터 한옥에서 한복을 입게 하고 사진을 찍어 주었다. 왕과 왕비가 되고, 공주가 되는 시간을 모두가 즐겼다. 드라마에서 본 상궁 모습도 재현했다. 머리에 쓴 가체가 아무리 무거워도 모두 아랑곳하지 않고 사진을 찍는 일에 열중했다.

식(食)으로는 한식 스타일의 음식을 준비하려고 애를 썼다. 매일 아침 죽을 바꿔가면서 끓였다. 반찬도 친정엄마가 보내 준 조림류나 김치 등으로 아주 간소하게 차리고 제철 과일과 전통차를 준비했다. 한옥에서 체험할 요리로는 아무래도 한국 김치가 최고였다. 처음에는 김치를 담그는 일이 서툴러서 이웃에 사는 40년 경력의 선생님을 모시고 했다. 이제 손님들 덕분에 자주 담그다 보니 달인처럼 하진 못해도 외국인에게 김치 체험을 해 줄 수 있는 정도는 되었다. 가장 대표적인 배추김치는 물론 나라로 돌아가서 김치를 만들어 먹을 수 있도록 오이 김치, 깍두기, 겉절이 등을 가르쳐 준다.

캘리그라피 체험도 한다. 먹을 가는 소리도 들어보고, 묵향도 느끼면서 평온한 마음을 가지게 한다. 자신이 무엇을 위해 살아왔고, 앞으로는 무엇을 가장 귀하게 여기면서 살아갈지를 생각해 보는 시간을 갖는다.

이곳에 살면서 나는 생활 태도, 말과 행동 하나하나에서 다시 만나고 싶은 사람이 되고 싶었다. 또 오고 싶은 한옥이 되려고 애썼다. 누구나 그리워하는 마음의 고향이 되겠다고 말이다.

서울미래유산 김태길 가옥(Kim Tae Kil's House)

유진하우스는 언제 지어졌고, 누가 살았는지 문득 궁금해졌다. 자신들이 살았던 집이 유진하우스로 변한 것을 아침마당 방송을 보고 찾아온 분들도 있었다. 이런저런 방법으로 유진하우스의 뿌리를 찾던 중, 미국의 존스홉킨스대학교(Johns Hopkins

University)에서 김태길 교수님 앞으로 보내온 편지를 받았다. 덕분에 우리나라 철학계의 거목 김태길 서울대 명예교수님께서 이 집에 사신 것을 알게 됐다. 그의 아드님이신 김도식 교수님께 이메일로 궁금한 내용을 문의했더니, 답변이 왔다.

> 혜화동 5-43번지는 제가 태어난 곳이지요. 지금도 본적이 그곳으로 되어 있고요. 저희 아버지께서 그곳에 언제부터 사셨는지는 정확히 모르지만, 제가 64년생이니까 64년 이전부터 75년까지 저희 식구들이 그 집에 살았습니다. 75년에 문리대가 관악캠퍼스로 옮겨가면서 이사를 하게 되었습니다. (중략) 옛집을 다시 보게 되어 반가운 마음입니다. 가보고 싶은 마음도 있고요. 궁금하신 점이 있으면 또 연락해주세요.
>
> – 김도식 드림

김도식 교수님이 가족과 함께 우리 집에 직접 찾아오셨다. 서울대 철학과에서 강의하셨던 아버님께서는 한창 데모하던 시절 휴교령이 내려지면, 학생들을 집으로 불러 서재에서 공부했다고 말씀하셨다. 우리는 그 의미 깊은 방을 '김태길 서재'라고 이름 붙였다. 김도식 교수님이『우송 김태길 전집』15권을 기념 선물로 주셨다. 손님들이 읽을 수 있도록 창호 문 가까이 햇살 드는 곳에 전집을 가장 잘 보이도록 꽂아 두었다.

김태길(金泰吉, 1920년 11월 15일~2009년 5월 27일)은 대한민국의 수필가이며, 1960년 존스홉킨스대학교 철학박사 학위를 받았다. 도의문화저작상을 수상했으며, 서울대학교 교수, 철학연구회 회장, 대한민국학술원 회장 등을 지냈다. 『삶이란 무엇인가』를 비롯하여 150여 편에 달하는 수필과 그 밖의 다양한 저술을 통해 인생에 대한 깊은 통찰력과 사색으로 우리에게 깨달음을 주신 분이다.

신세계 정용진 부회장은 『삶이란 무엇인가』가 자신의 삶에 가장 영향을 끼친 책이라고 여러 인터뷰에서 말했다. 회사 경영진에게도 이 책 읽기를 꼭 권한다고 한다. 100세를 살면서 수많은 강연과 저술로 우리의 삶에 큰 울림을 주신 김형석 교수님은 김태길 교수님과 50년 지기 친구 사이다. 이렇게 훌륭한 분이 사셨던 집이다. 2015년 12월 '서울미래유산 3호, 김태길 가옥'이라는 이름까지 생겼다. 유진하우스의 격이 한층 높아진 듯해서 뿌듯했다.

어느덧 10년의 세월이 흐른 한옥 유진하우스(김태길 가옥)는 전국 각지에서는 물론 전 세계 다양한 사람들이 찾아오는 글로벌 한옥이 됐다. 대청마루와 마당에 동서양의 사람들이 모여 작은 잔치가 벌어지기도 한다. 한 번 다녀간 사람들은 꼭 다시 오겠다고 말한다. 한국인만이 아니라 세계인이 아끼는 한옥이다.

유진하우스가 김태길 교수님의 기념관으로 남아 오래오래 보존되기를 바란다. 2020년 11월 15일은 교수님께서 태어나신 지 100년이 되는 날이다. 탄생 100주년 기념행사는 유진하우스에서 열리기를 소망한다. 김형석 교수님과 제자들이 함께 모여 진정한 철학자의 삶을 살아가신 김태길 교수님의 발자취를 다시 조명하는 자리가 마련되면 좋겠다. 유진하우스를 나와 성북동으로 올라가는 길이 「산책길」이라는 수필에 잘 묘사돼 있다. 철학자가 산책하며 사색을 즐겼던 길이니, 철학자의 길로 남으면 얼마나 좋을까?

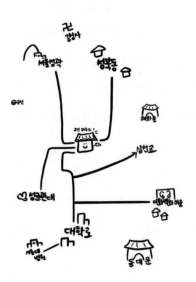

전 세계인의 발길이 닿는 곳
'유진하우스'

"엄마, 핸섬한 외국인 오빠들이 지나가는 것을 친구가 봤대요. 아마도 요한(John) 오빠와 폴(Paul) 오빠인 듯해요."

유진이 친구가 말하는 멋진 외국인 오빠들은 유진하우스에 온 지 몇 달이 지났다. 키가 크고, 잘생긴 것은 사실이다. 모델 뺨치는 요한이는 미국에서 왔다. 외국어학당에서 한국어를 배운다. IT와 패션디자인을 전공한 폴은 독일에서 왔다. 감성이 아주 여린 폴은 나를 "한국 엄마"라고 부른다. 길을 지나가는 사람들도 흘낏 쳐다볼 정도로 훈훈한 외국인들이 유진하우스에 드나들다 보니 무엇을 하는 집이냐고 묻곤 한다. 기웃거리며 들어와 보는 사람들도 있다. "서울 시내 한복판에 이런 예쁜 한옥이 아직 남아 있었네!"라고 감탄을 한다.

처음 게스트하우스를 열고 걱정되는 일이 있었다. 외국 젊은 이들이 많이 오갈 텐데, 혹시라도 시끄럽게 하거나 무례한 행동을 하면 어떡하지? 문화 차이로 동네 어른들의 눈 밖에 나는 행동을 하고 다닐까봐 조심스러웠다. 걱정할 겨를도 없이, 동네 어른들이 먼저 나서서 외국인들을 반겨 주었다. 길을 잃고 헤매는 외국인을 무조건 우리 집에 데리고 오는 할머니도 계셨다. 심지어 외국어를 잘하는 분도 아니었다. 친절함을 무기로 삼은 바디랭귀지가 통한 것이다.

손님들이 유진하우스에 오기 시작하자, 좋은 이미지를 심어 줘야 한다고, 집 단장까지 새로 한 할아버지도 계신다. 우리 문화를 외국인들에게 자연스럽게 알리는 아이디어를 주신 분도 있다. 독일어와 영어를 잘하는 할아버지는 우리 집 손님들과 자주 대화를 나누셨다. 한국 할아버지와 독일 청년이 한옥 툇마루에 앉아 차를 마시며 한참동안 대화를 나눈다. 유진하우스에 오는 손님은 우리 동네에 온 손님과 다름없었다. 모두가 두 손 들어 환대해주셨다.

어느 날은 아침식사를 하는데, 한옥 마당에 둘러앉은 사람들이 각양각색이었다. 프랑스와 멕시코에서 오신 분, 전라도 고창에서 온 세인이 가족이다. 언어가 다르고, 생김새도 다르지만,

하룻밤을 같은 집에서 묵었다. 한 공간에 머무르는 가족처럼 아침을 맞는다. 서툰 외국어 실력으로나마 간단히 인사를 나누고 함께 음식을 먹는다. 세계에서 온 다양한 인종이 그들의 언어와 문화를 가지고 왔다. 우리나라 전 지역에서 오기도 한다. 옛날에는 한 집에 3~4대가 함께 살았을 텐데, 이제는 세계와 전국에서 온 사람들이 한옥 마당을 누빈다.

유진하우스에서 하루를 머무는 것은 숙박이 아니라 '힐링'이다. 마음이 아픈 사람들도 이곳에 와서 사색을 즐기고, 책을 읽고, 낮잠을 잔다. 서울대 병원이 가까우니까 병원에 가는 사람들이 묵기도 한다. 최소한의 관심을 보이는 척 하면서 최대한의 신경을 쓰게 된다.

세상이 복잡해지면서 인간관계가 힘들어진 사람들이 많아졌다. 다른 사람들과 관계를 맺는 것이 싫어서 혼자 고독한 삶을 살다가 오는 사람도 더러 있다. 그렇지만 오랜 기간을 홀로 지내기는 어렵다. 단조로운 삶을 벗어나고 삶에 새로운 변화를 갖고 싶어온다. 아무도 모르는 곳에 왔으니 안심하고 이런저런 이야기를 내게 한다. 어떻게 참고 살아왔나? 실컷 말하는 모습을 가만히 지켜보다가, "걱정 마! 나는 네 편이야"라고 공감하며 토닥여준다.

혼기를 놓친 분이나, 결혼 적령기의 싱글이 오면 할 말이 많다. 한국 아줌마들은 남의 사생활에 간섭하기를 좋아한다고 미리 이야기를 해 둔다. 남들은 잘 묻지 않는 신상을 꼬치꼬치 캐묻기도 한다. 혹시 결혼을 하고 싶다면, 중매라도 하고 싶어 주변에 좋은 사람이 있는지를 살핀다. 국적을 막론하고, 어울리는 사람을 소개하려고 애를 쓴다. 요즘 부모들은 자녀의 눈치를 보느라 자녀에게 결혼 얘기를 잘 꺼내지 않는다. 그렇지만 그들은 나에게 꽁꽁 싸두었던 마음속 깊은 이야기들을 풀어 놓는다.

고향의 그리움을 가득 담아 드려요

어릴 적 혜화동에 살았던 분들이나, 해외로 이민을 갔던 분들이 나이가 드니 고향이 그리워서 향수를 달래러 온다. 어릴 적 추억을 되살릴 수 있도록 고향의 아줌마가 되어 준다. 고구마도 구워 주고, 아주 시어진 김치도 내어 준다. 오랜만에 고향을 찾은 손님은 동네 주변을 한 바퀴 돌다가 나폴레옹 빵집이 그대로 있다고 추억을 떠올린다. 식빵이 아주 맛있었다는 손님은 식빵과 다른 빵들까지 잔뜩 사와서 빵 잔치를 벌인다.

해외로 입양되어 갔던 분들도 뿌리를 찾으러 온다. 유럽이나 미국 쪽으로 입양을 많이 간 듯하다. 예나 엄마도 5살 때 네덜란드로 입양을 갔다. 온 가족이 엄마 나라를 구경하러 왔다. 아이 셋을 아주 예의 바르게 잘 키웠다. 남편도 참 좋은 분을 만났다. 행복하게 사는 모습을 보니 보기가 좋다. 서로 살아가는 이야기들을 나누다 보니 가슴이 뭉클해졌다. 입양해 간 양부모가 훌륭한 분들이 많았다.

중국에 사는 중국 동포, 사할린 등 고려 후손도 조상의 흔적을 더듬고 싶어 찾아온다. 카자흐스탄에서 고려인 분들이 오셨다. 젊은 분은 비즈니스로 한국에 자주 온다고 했다. 할아버지, 할머니는 처음 오셨다. 부모님께 듣고 배운 한국어를 더듬거리면서 한다. 그래도 조상의 고향에 오니 즐거운 표정이다.

한류의 힘, 아이돌 팬들의 방문

동방신기 팬들이 세계에서 12명이나 왔다. 세계 각국에서 온라인에서 만나다가 한국에서 처음 만나는 사이다. 이틀에 걸쳐 열린 동방신기 콘서트를 위해 응원할 준비물들을 직접 만들어 왔다. 밤늦게까지 여러 가지 준비를 더 했다. 한 해만 온 것이 아니라, 두 해를 이어 또다시 왔다. 콘서트나 생일 이벤트 등 특별한 프로그램이 없어도 좋아하는 가수의 소속사도 가보고, 한국 여행을 하러 자주 방문한다. 한류를 사랑해주는 마음들이 아주 고마울 뿐이다.

일본에는 한류팬 아줌마 부대가 대단하다. 비단 아줌마들만이 아니다. 유진하우스에 가끔 오시는 분 중 90세가 넘은 할머니는 욘사마 팬이다. 〈겨울연가〉는 일본에서 '冬のソナタ(후유노소나타)'로 배우 배용준 씨는 욘사마로 불린다. 욘사마(ヨン様)

는 배용준 씨의 이름 중 용(ヨン)과 극존칭의 사마(樣)가 합해진 것이다. 할머니는 욘사마 생일이라고 선물을 사왔다. 선물만 집 앞에 놓고 와도 위로가 된다고 한다. 〈겨울연가〉 20회 분을 70번이나 보고, 그룹으로 모여 스터디까지 해온 분들도 왔다. 〈겨울연가〉와 아무런 관련이 없는 우리 집에 와서 욘사마 이야기를 실컷 나누면서 차와 과일을 대접받은 것만으로도 고마워한다. 유진이 아빠도 성씨(姓氏)가 배(裵)이니 배용준 씨와 먼 친척일지도 모르겠다고 한 술을 더 보태어 드렸다. 유진하우스에서 있었던 일들을 CD까지 만들어 보내왔다. 한국 드라마 촬영지를 여행하는 분들도 왔다. 욘사마 극성팬들인데, 〈겨울연가〉 촬영지였던 거제도 외도, 속초 촛대바위까지 다녀왔다. 촬영 흔적이 하나라도 있으면 세상 끝 어디라도 갈 기세다.

영화나 드라마 촬영지를 다니면서 사진으로 찍어 기록을 남기는 분도 왔다. MBC 주말 인기드라마 〈반짝반짝 빛나는〉에 유진하우스가 나왔는데, 우리 집에 대한 자세한 설명이 없어 직접 찾아내느라 엄청 고생을 했다고 한다. 그러한 정성이 어찌나 고마운지 최대한 배려했다. 마음껏 사진을 찍고 가도록 도와 드렸다. 한류스타와 한국 드라마가 한국으로, 유진하우스로 세계 사람들을 불러준다.

한국 문화에 관심이 많은 사람들

미국에서 오신 샐리(Sally) 씨 부부는 중국, 한국, 말레이시아 등 여러 나라를 여행하는 중이다. 두 분 다 성격이 너무 밝고 모든 일에 긍정적이다. 국립중앙박물관에 갔더니, 유진하우스 방들에 장식된 골동품과 한국 전통 고가구들이 있다고 좋아했다. 평상을 펴서 옛날 소반에 차려 드렸다. 옛날에는 평상에서 밥도 먹고, 낮잠도 잤다고 설명했다. "옛날 시대로 되돌아간 거예요!" 그랬더니 박물관에서 배운 우리나라 역사에 대해 더 관심을 보였다.

폴란드에서 결혼한 지 3일밖에 안 된 신혼부부가 왔었다. 새 신랑인 도미니카 가스카(Mr. Dominika Gaska) 씨는 폴란드에 있는 대한무역투자진흥공사(KOTRA)에서 일하고 있다니 더 반갑다. 신혼여행이니만큼 우리 집에서 해 줄 수 있는 최상의 서비스를 해줘야지. 방도 업그레이드해서 더 큰 방을 사용하게 하고, 한복을 입게 해서 결혼 기념 사진을 예쁘게 찍어주었다.

미국에 있는 한국 자동차회사에 다니는 데빈(Mr. Devin) 씨가 한국 본사에 연수를 왔다. 유진하우스에 머무르면서 한옥체험, 한국 전통문화 체험을 했다. 서울 성곽도 이른 아침 올라갔다. 음악을 좋아하는 분이다. 마침 유진하우스에 오셨던 김덕영 선생님께 거문고를 배울 기회도 있었다. 우리 고유 악기인 거문고에 대해 깊은 관심을 보였다.

데릭(Mr. Derek) 씨는 영국 사람이다. 일본에 왔다가 돌아가는 길에 한국 여행을 하고 있었다. 일주일에 한 번 한국어 공부를 한다고 했다. 아시아에 관심이 많다. 돌아가기로 한 날, 아이슬 란드 화산폭발로 공항이 폐쇄됐다. 한국에 며칠을 더 머무르면 서 상황을 지켜봐야 한다. 혹시라도 마음이 위축될까 염려돼 넓 은 방으로 옮겨 주었다. 식사비용도 아끼게 하고, 위로도 할 겸 식사를 같이하며 동양문화에 대해 얘기도 나누었다. 언제 돌아 가야 할지 모르지만, 성격이 낙천적이다. 이렇게 게스트하우스 엔 예상할 수 없는 일이 종종 일어나기도 한다.

스웨덴에서 온 제시카(Jessica)는 프랑스에서 온 할머니와 그 손녀에게 젓가락 사용법을 가르쳐 준다. 동양 음식을 먹을 때는 늘 젓가락을 사용한다는 제시카는 젓가락질이 제법 능숙하다. 서로 다른 문화를 즐거운 마음으로 받아들인다. 반찬을 하나씩 젓가락으로 집는다. 손맛이 스며든 음식이라 더 맛있나 보다. 한 국에서 생일도 보냈다. 생일축하를 찐하게 해주었더니 울먹이 기까지 했다. 제시카는 10일간의 한국 여행을 마치고 아침 일찍 공항으로 갔다. 한국 사람들의 정에 마음이 따뜻해져서 돌아간다 고. 한국 드라마를 보고 한국에 오고 싶었고, 한국 가수도 좋아한 다고 했다. 빨리 결혼도 해서 행복한 가정을 이뤘으면 좋겠다.

다리가 불편하신 앤드루(Andrew) 할아버지는 호주에서 오셨다. 서울 성곽을 산책할 수 있을지 걱정했는데, 조심조심 잘 다녀왔다. 1년에 한 번 간송 미술관 전시회가 열리는데, 마침 딱 그 시기다. 운이 좋다고 간송미술관 전시회에 대한 설명을 실컷 해드렸다. 우리 집에 있던 고가구들로 대학로 갤러리에서 〈조선시대 목가구 흐름전〉 전시회를 열었다. 앤드루 할아버지는 즐거운 마음으로 기꺼이 들러 주었다. 한옥체험을 하러 온 어린이들에게 영어를 가르쳐 주곤 부산으로 다시 여행을 떠났다.

한국 문화의 독특함을 알아차리고 다양한 분야의 세계인들이 유진하우스를 방문한다. 세계 그 어디에서도 느낄 수 없는 고유한 멋을 배우고, 우리 정서를 느끼고 싶은 사람들이다. 지금은 유니크하고 창조적인 것만이 살아남는 콘텐츠 시대다. 한국적인 특별함에서 영감을 얻어 자신의 작품 속에 응용하려고 만화가, 게임개발자, 건축가, 디자이너, 방송인, 연예인 등 다양한 분야의 사람들이 온다. 미국의 한 케이블TV는 뮤직 비디오 작품에 유진하우스의 느낌을 담으려고 10시간 동안 촬영을 했다. 또 중국 TV 방송국에서도 왔다. 한국 요리와 중국 요리를 하는 모습을 촬영했다.

　우리나라 방송국만이 아니라 세계 여러 나라 방송국에서도 방송 배경으로 한옥을 사용하기도 한다. 유진하우스, 있는 그대로의 모습을 동영상과 사진에 담아낸다. 한 사진작가는 유진이와 내 모습을 담은 사진을 보내왔다. 전문가의 손길은 역시 달랐다. 한옥에서 받은 감성을 글과 그림, 디자인으로 자신의 감각을 더해서 작품을 만든다. 때로는 정성스럽게 작품을 만들어 기념으로 남기고 간다. 유진하우스에서 받은 감동이 담긴 작가들의 작품이 세계 곳곳에 남겨져서 많은 사람들에게 위로와 평안을 주기를 응원한다.

　20여 년 전 동경에 산 적이 있다. 지하철을 타면 세계 여러 나라 사람들을 볼 수 있었다. 이젠 우리나라도 어디서나 외국인들을 쉽게 만날 수 있다. 세계 사람들의 발걸음이 한옥 유진하우스에 머문다. 앞만 보고 살아가는 인생길에서, 때로는 길을 잃고 헤맬 수도 있다. 그럴 땐 이곳에서 아무 생각 없이 한가롭게 쉬면서, 살아있는 것 자체가 감사와 기쁨임을 발견하는 시간이 되기를 바란다. 삶의 여유와 에너지를 다시 얻는 곳이 됐으면 좋겠다. 느슨하고 아무것에도 얽매이지 않을 때 새로운 창의성이 생긴다. 세계인의 문화와 사상이 만나고, 교류하고, 소통하는 곳이기를 바란다.

유진하우스에서 만났던 사람들이 또 자기들 나라에서 서로 만났다고 인증샷을 보내온다. 유진하우스가 맺은 인연이라고 다들 기뻐한다. 커넥티드 월드를 만들어 가는 글로벌 한옥이 바로 유진하우스다. 전 세계인의 발길이 닿는 유진하우스에서 또 만나기를!

한옥 안방 1열에서
누리는 특권

75평 한옥은 우리 가족 셋이 살기에는 넓은 집이다. 여태 우리 집에는 손님들과 늘 함께 지냈기에 손님이 오는 것이 별로 두렵지 않았다. 늘 바쁘게 살다 보니, 손님이 와도 손님 대접을 하면서 신경을 쓸 겨를이 없는 생활이었다. 우리 집에 온 사람이 알아서 주인처럼 살면 된다. 자기 집처럼 마음 편하게 지내다 가라고 일러 주고는 내버려 둔다. 그러면 손님이 청소도 해주고, 맛난 음식도 만들어 준다. 더 있다 가라고 하고 싶을 정도로 내 짐을 덜어 주는 사람들이 많았다. 한옥 게스트하우스를 운영하는 일도 처음에는 그리 심각하게 생각하지 않았다. 그래도 비즈니스니까 좀 더 신경 써서 손님을 진짜 손님으로 잘 맞이하면 되겠구나! 일본과 중국에서 산 경험이 있어서 가까운 이웃 나라에서 오는 경우는, 언어도 그리 문제가 되지 않았다.

　방마다 고가구를 들여놓고, 벽에는 민화와 오래된 그림과 글을 장식했다. 작은 방에는 반닫이와 장롱이 놓여 있다. 사계절을 옷 몇 벌로 살아온 소박함을 엿볼 수 있다. 천장이 그다지 높지 않고, 가구도 사람 키를 넘지 않는다. 가구는 우리 삶의 동선에 가장 적당한 거리의 비율에 맞추어져 있다. 요즘 한 방에 가득 채워진 가구들과 비교된다. 결코 인간을 압도하지 않는다. 일부러 방의 공간을 가구로 가득 채우지 않았다. 소박한 전통 가구들이 방의 주인은 사람(본질)임을 말해준다. 가구들은 단지 우리의 필요에 의한 부산물임을 알 수 있게 한다. 미니멀라이프 그 자체다.

　마당에는 키 높이가 다른 장독들을 한 곳에 옹기종기 모아 두었다. 물론 장식으로 둔 것이 아니다. 진짜로 간장, 고추장, 된장이 들어 있다. 냄새를 솔솔 피우면서 집안에 들어서는 사람들의 후각을 자극한다. 익숙한 냄새라고, 어디서 나는 냄새인지를 금방 알아차리는 사람도 있다. 가끔은 어디서 발 냄새가 난다고 고개를 갸웃거리며 냄새의 진원지를 찾는 사람도 있다. 바로 된장 냄새라고 하면 그제야 고개를 끄덕이며 냄새에 서서히 익숙해져 간다. 특히 여름엔 된장 냄새가 심해서 장독 부근에 다가오는 분들께 미리 된장 냄새라고 알려 준다.

마당 군데군데 놓인 민속품들을 보는 시선이 다채롭다. 한국의 정서를 저절로 느낄 수 있는 분위기를 만들었다. 한때 욕심껏 민속품을 많이 장식해 두었더니, 유진하우스를 작은 박물관이라고 말하는 사람도 있었다.

한복 홍보대사

생활한복을 차려입고 생활하려고 신경을 썼다. 스위스에서 온 수잔(Susan)은 마당을 오가는 유진이 아빠를 유심히 쳐다보고 는 묻는다. 지금 입고 있는 옷은 어디서 살 수 있냐고? 생활한복 을 입은 모습이 특별해 보였는지 파티에 입고 가면 좋겠다고 한 다. 생활한복에 관심을 보이는 손님이 있으면 집 근처 할인매장 에 일부러 시간을 내어 간다. 때로는 옷을 사지 않아도 실컷 구경하고, 차도 얻어 마시는 편한 공간이다. 한복과 퓨전 한복, 생활 한복에 관해서 설명하기도 좋다. 천연소재로 만든 한복이라 동서양 사람들이 더욱 관심을 보인다. 수잔은 역시 멋쟁이다. 자신에게 어울리는 옷을 딱 고른다. 엄마와 친구에게 줄 옷도 산다. 적당한 선물을 찾아 다행이라고 좋아한다. 우리는 한옥에서 생활한복 모델까지 한다. 이렇게 광고까지 잘하면서 산다.

캐리어 끄는 소리가 들려온다. 요즘은 바깥귀가 발달해 손님이 오는 소리를 곧장 알아차린다. 무거운 여행 가방을 들고 들어오는 손님을 맞는다. 웰컴! 두 손이 저절로 벌려진다. 무거운 가방을 얼른 받아든다. 오는 길이 고단했는지 숨이 거친 손님에게 어디서 왔는지부터 묻는다. 이미 예약상황을 봐서 어느 나라에서 오는지 대충은 안다. 대부분은 자기 나라의 수도에서 온 경우가 많지만, 작은 시골 마을에서도 온다. 수도 이름을 기억해 내 그들이 온 나라에 대한 관심을 보인다. 그러면 내가 마치 자기 나라에 대해 지식이 해박해 보이는지 금방 마음의 문을 연다.

你老家在哪儿?(당신의 고향은 어디입니까?), 从哪里来的?

(어디서 왔습니까?)

중국은 땅이 아주 넓다. 그래도 우리가 흔히 들어왔던 대도시에서 오는 경우가 많다. 북경, 상해, 광저우, 선전, 항저우, 온주, 청도 등등 여러 지역에서 온다.

日本のどこからきましたか?(일본 어디에서 왔습니까?)

일본은 여행이 생활화돼서 다양한 지역에서 온다. 서양 문화권은 영어가 다 유창하다. 그 외의 지역에서도 조금씩은 영어를 하는 사람들이 온다.

"Where are you from?"
"Brunei."

음, 브루나이는 또 어디에 있었더라? 중동? 동남아? 늘 듣던 나라가 아닐 땐 잠시 당황스럽다. 지구상 어디에 있건 브루나이에서 온 건 처음이니 더 반가울 수밖에. 브루나이에도 한류 바람이 불어서 한국 드라마를 즐겨 본다고 한다. 한국을 좋아하는 가족과 친지들이 많아서 사진으로나마 한국을 가득 담아 가려고, 부부는 사진을 찍었다. 머리에 히잡을 두르고 한복을 입는다. 어울리든 안 어울리든 그런 건 중요하지 않다. 한복을 입고 사진을 찍었다는 사실이 중요하다. 한복도 사 가고 싶다고 한다. 김치도 물론 꼭 챙겨 가겠다고 한다.

　서로 궁금한 것을 묻다 보면 사생활까지 다 듣게 된다. 자녀가 3명이지만, 걱정 없어 보인다. 국가가 집과 차도 주고, 교육도 시켜 주고, 병원비도 무료라고 했다. 그럼 돈을 벌어서 어디에 쓰나? 세상에 그런 나라가 있나? 생존 경쟁을 하지 않아도 되니 여유롭게 살겠구나! 중동 어딘가에 있는 나라라고 생각했는데, 말레이시아 옆에 있는 산유국으로 복지가 최고인 나라 중 하나다. 지도를 펼쳐 어디에 있는지도 찾아보고, 인터넷을 뒤져서 그 나라의 정보를 얻는다. 우리나라에서 유명했던 '보르네오 가구'는 브루나이가 있던 그 보르네오섬에서 따온 것이구나! 브루나이 여행을 이미 다 한 셈이다. 언제든지 자기 집에 꼭 놀러 오라고 한다. 얼결에 알겠다고 대답을 한다. 국가가 국민의 삶을 여러모로 보장해준다니 참 부럽다.

손님을 주인처럼

　한옥체험으로 한국의 맛을 제대로 느끼려는 사람들 덕분에 안방에 앉아서 세계 사람들을 맞는다. 손님들끼리 금방 친해지다 보니 아침엔 여행자들의 웃음과 수다가 집안에 가득하다. 이번에는 혼자 온 여행객이 대부분이다. 스페인 저널리스트, 여성처럼 보이는 홍콩 청년, 일본과 중국에서 온 여성, 인도네시아 무역인 등 국적도 다양하다. 금방 우리 집에 익숙해진 손님들은 새 투숙객이 오면 알아서 주인인 양 맞이하는 진풍경이 연출된다.

내가 할 일을 알아서 해주니, 나도 그들에게 해주고 싶은 게 많다.

"Who wants to go for a walk around Seoul Castle tomorrow morning?(아침 일찍 일어나 서울 성곽을 산책할 사람?)" 그러면 모두 따라나선다. 새들의 지저귐을 들으면서 귀를 연다. 시원하고 상쾌한 공기가 가슴속에 맺힌 응어리를 순식간에 녹여준다. 성곽 벽 틈새로 성북동을 엿본다. 성곽 아래에 옹기종기 모인 집들의 모양이 제각각이다. 오르막 계단을 헐떡이면서 올라간다. 어느 정도 정상에 오르니 서울이 한눈에 다 보인다. 환하게 솟아오른 아침 해를 바라본다. 순간, 부러울 게 아무것도 없어진다. 성균관대학교 후문을 지나 학교 구경을 하면서 내려온다. 600년 역사를 지닌 학교의 다양한 건물도 구경한다. 셔틀버스가 첫 운행을 준비한다. 우리도 셔틀버스를 타고 집으로 돌아가 볼까? 짧은 거리지만, 재미 삼아 셔틀버스도 타 본다. 하나하나가 다 체험이다.

온라인 예약을 한 손님들은 유진하우스의 한옥 사진을 보고 온다. 사진 속 한옥이 맞는지 조심스레 확인하며 대문을 기웃거린다. 유진하우스에 오기까지 얼마나 계획하고 준비했을까? 여행을 오는 당일은 비행기 시간에 늦지 않으려고 얼마나 부산을 떨었을까? 잠도 설치고, 밥을 굶으면서 도착했을 게 뻔하다. 1년에 한 번, 아니면 평생에 한 번 경험하는 한국 여행일지도 모르니 그저 반가울 뿐이다.

안방에서 누비는 세계 여행

세계 여러 나라로 여행을 다닌 사람이 주변에 많다. 세계 여행 자랑에 나도 빠질 수 없다. 다른 사람들은 자신의 돈과 시간을 들여서 직접 여행하고 싶은 곳으로 간다. 하지만 나는 세계인들이 우리 집으로 직접 와 주니, 안방에서 여행하는 셈이다. 가장 경제적인 세계 여행을 하며 산다. 가까운 일본, 중국은 물론 동남아, 오세아니아, 유럽, 아메리카, 중동 아프리카 등 지구상에 있는 몇 개의 나라만 빼고, 줄잡아 100여 개의 나라에서는 온 듯하다.

아주 작은 나라에서 처음 오면 그 나라에 관해 공부할 기회가 생긴다. 슬로베니아라고? 슬로바키아는 들어 보았는데, 슬로베니아는 또 어디에 있었지? 세계지도를 머리에 그려 본다. 유럽에 있는 아주 작은 나라라고 청년이 겸손하게 이야기한다. 우리 나라도 작은데, 도대체 너희 나라는 얼마나 작은 나라냐고 물었다. 한반도의 1/11밖에 되지 않는다고 한다. 이탈리아 옆의 발칸반도에 있다고 한다. 이렇듯 지리 · 역사 · 세계사 공부를 저절로 시켜준다. 그래도 영어를 사용하는 사람들이 가장 많이 온다. 영어로 소통하다 보니 영어는 원어민들에게 배우는 셈이다. 다른 언어권에서 온 사람들도 모국어를 우리에게 가르쳐 주는 것을 좋아한다.

"Mein Name ist Kim!(내 이름은 김입니다!)" 독일 청년이 가르쳐 준 대로 또박또박 따라 했다. 청년은 신이 나서 몇 가지 더 가르쳐 준다. 청년은 내게 발음이 좋다며, 어떻게 그렇게 독일어를 금방 잘하냐고 난리다. 사실 고등학교 때 독일어 수업이 있었다. 독일어 공부를 열심히 하진 않았어도 Guten Tag!(안녕하세요?) 정도는 기억하고 있다. 모두가 훌륭한 원어민 선생님이다. 영어, 일본어, 중국어도 일상생활에서 자꾸 사용하다 보니 어휘력도 점점 늘어간다. 현지에 가지 않고도 훌륭한 선생님들이 직접 와서 무료로 외국어를 가르쳐 준다.

한국 음식 어때요?

언어만이 아니라 그들의 음식과 문화도 배운다. 나라마다 건강을 지키기 위해 먹는 음식 정보도 교환한다. 프랑스 청년은 어머니께서 전통방식으로 만든 치즈와 소시지를 직접 가져왔다. 입맛이 다른 곳에서 혹여라도 굶을까 싶어 비상식품으로 싸준 듯했다. 나에게도 맛보라고 준다. 샤퀴테리(charcuterie)라고 하는데, 짭짤한 맛이 강하다. 벨기에 초콜릿, 필리핀 말린 망고, 일본은 나가사키 카스텔라를 비롯해 카레, 커피, 양갱, 차, 과자류 등 헤아릴 수가 없을 정도다. 선물하기 좋아하는 일본 손님들 덕분에 일본 물건들이 넘친다. 이웃들에게 다시 선물할 정도다. 일본의 유명 지역 토산품을 먹으면서 일본 지리를 저절로 공부하게 된다. 정성 들여 포장해온 선물 꾸러미는 뜯기가 아까울 정도다.

한국 음식이 맛있다고 하면 그 말이 나오기가 무섭게 조금씩 싸서 준다. 간수를 빼 약처럼 오래된 소금이 큰 항아리에 담겨 있다. 소금 맛이 달다고 한다. "세관을 통과할 때 마약처럼 오해를 받으면 어떡하지?" 소금을 싸 주면서 서로 한참을 웃는다. 매실차, 오미자차, 뽕잎차 등 전통차를 준비한다. 매실차를 100킬로그램이나 담은 적이 있다. 앞집 아주머니 시동생이 매실 농사를 짓는다고 하여 매실을 샀다. 손님이 오니까 많이 담가서 마셔야지 했는데, 100킬로그램은 상상 이상의 양이었다. 마당 수돗가에서 매실 꼭지를 일일이 따고 씻느라 만들 땐 힘들었지만, 장독에 두고 몇 년째 마시고 있다.

오미자차는 직접 담그기도 하고, 산지에 주문해서 마시기도 한다. 불그스레한 색으로 입맛을 자극하는 오미자차는 5가지 맛이 난다. 시큼 달콤하고 조금 떫은 맛도 난다. 외국인들 누구나가 다 좋아한다. 향 좋은 뽕잎차도 끓인다. 우리 집에서 기른 뽕잎 나무에서 잎을 따서 말린 거다. 수돗가에 있는 키 큰 나무가 뽕나무다. 동양권 사람에게는 한자로 뽕잎차, 상엽차(桑葉茶)를 설명해준다. 당뇨 개선과 기억력 감소 예방 등의 다양한 효능이 있으니 건강에도 얼마나 좋은지 아느냐 등등 차를 마시면서 나눌 이야기가 많다. 돌아갈 때 꼭 사가겠다는 사람도 있다. 차 재료를 사러 가야 하는데, 시간이 없어 집에 있는 것들을 싸준다. 자주 오는 분들은 오기 전에 미리 주문해 두었다가 드린다.

친정엄마가 정성 들여 만들어 준 발효음식들을 싸 주면 손님들이 정말 좋아한다. 짠지류와 같은 절임류, 고추 부각 등 일일이 햇볕에 건조해 말리고 손이 많이 가는 음식은 흔하지가 않으니 귀한 것들임을 안다. 한류 바람에 힘입어 한식이 세계인이 찾는 음식이 됐다. 웰빙 시대에 걸맞은 건강식품으로 사랑을 받는다. 지역 특산물을 직접 재배하거나 이웃에서 샀다고 보내 주는 분들이 있다. 손님들이 오니까 나누어 먹으라고 다양한 음식들을 보내 준다. 제주에서 감귤, 진영에서 단감, 밀양 얼음골에서 사과, 영월에서 밀전병 등…. 따뜻한 마음들이 유진하우스를 배부르게 한다. 외국인 손님들과 인심 넉넉하게 나누어 먹고도 남을 정도다.

문화를 교류합니다

연극, 무용 등 예술 감독을 하는 지인들이 계신다. 외국인들에게 좋은 한국 문화를 체험하게 해주고 싶다고 연극이나 뮤지컬, 무용을 볼 수 있도록 초대권을 기꺼이 보내준다. 예술문화 발전을 위해 우리가 돈을 내고 봐야 하는 데도 반대로 초청을 받는다. 예술은 언어로 설명하지 않아도 다 통한다. 자신들을 초대해 준 따뜻한 마음에 이미 감동을 한다. 언어가 통하지 않아도 내용의 절반 정도는 저절로 이해하게 된다.

유진하우스에 온 손님들에게 행복을 선물해주는 분도 계신다. 이름이 '행복을 찍는 사진사'다. 모두 그를 삼촌이라 부른다. 전 세계인들, 약 40만 명 이상의 사람들에게 행복의 순간을 사진으로 남겨 선물해주셨다. 잡지 화보에 나오는 주인공처럼 사진을 멋있게 찍어 준다. 유진하우스에 온 손님들이 당연히 우선순위로 늘 행복한 순간을 선물로 받아 갔다. 우리 집에 온 손님들은 늘 이렇게 모두가 마음과 정성을 다해 반겨준다. 이런 많은 사랑에 감동한 사람들이 많다.

실생활에 꼭 필요한 다양한 아이디어도 나눈다. 조상들에게 배운 생활 지혜들을 교환하다 보면 서로 비슷한 점도 많다. 사는 인생이 다 비슷해서 그런지도 모르겠다. 지구 반대편 세계의 움직임을 직접 바로 전달해준다. 우리 집에는 TV도 없고, 한류 소식도 그다지 관심을 두지 않고 산다. 주변에선 세상일에 다소 무감각하다고 한옥에 갇혀서 산다고 할 정도다. 한국의 유명한 드라마나 한류스타 소식은 한류 팬들에게 들을 때가 더 많다. 한국을 사랑하는 열성 팬들이 한류 이야기를 할 때는 신이 난다. "내가 한국 사람 맞나? 당신이 더 한국 사람 같네?"라고 서로 웃으며 박장대소를 한다.

음악가가 오면 함께 노래하고, 춤추는 사람이 오면 같이 몸을 들썩여 본다. 사회와 역사, 인권과 사회복지에 관심을 둔 사람들이 오면 그들과 현실 사회의 문제점에 대해 함께 골몰한다. 예술가, 건축디자이너, 사진작가, 방송전문가들이 오면 그들의 관심사에 조금이라도 기웃거려 본다. 그렇게 새로운 눈으로 세상을 보게 하고, 넓은 가슴으로 사람들을 안게 한다. 안방에 앉아서 그들과 누린 삶이 풍성하다. 서로에게 힘이 되고 삶의 에너지가 된다. 유진이 교육도 미래지향적, 예술적, 국제적 감각을 가진 아이로 자라도록 많은 분들이 도와주신다.

어떤 사람은 생활에 지쳐서 일상이 너무 힘들 때는 하루만이라도 시간을 내어 한국에 온단다. 찜질방에서 묵다가 푹 쉬어가는 것만으로도 힐링 된다고 한다. 한국의 뮤지컬을 보러 비싼 비행기 값은 생각지 않고 오가는 사람도 있다. 하루에 몇 차례씩 공연장 순례만 하다가 간다. 여행 가방이 이웃집에 그냥 다니러 온 듯 간단하다. 여행을 자주 하다 보니 일상이 되어 오래 입었던 옷을 입고 와서 버리고 가기도 한다.

한국에 50여 차례나 다녀간 일본 사람도 몇 사람 만났다. 동서양 문화권에서 온 사람들이 한국에만 있는 독특한 문화들에 푹 빠지기도 한다. 한국인들도 끊임없이 경쟁하고, 긴장하는 삶을 살아가고는 있지만, 생활 습관들이 그래도 아직은 조금은 여유가 있다. 스트레스를 푸는 방법도 다양하다. 숨이 덜 막히고, 조금은 늘어진 듯한 모습 속에서 편안함을 얻게 되고, 긴장을 풀고 가게 되는 걸까? 여행을 마치고 집으로 돌아가는 날 눈물을 글썽이기도 한다. 한국에 와서 살고 싶다고 말하는 사람들이 점점 늘어난다. 앞으로 유진하우스에는 외로운 사람끼리 모여 사는 클럽이 생길지도 모르겠다.

수많은 만남과 헤어짐 속에서 또 각양각색의 삶을 봐왔다. 동
서양을 막론하고 살아가는 방법의 차이는 조금 있을지 모르지
만, 서로 사랑하면서 살려는 마음은 모두 똑같다. 내 마음을 조
금만 열면, 상대방도 금방 자신의 마음을 연다. 여러 가지 이유
로 남들에게 자신의 마음을 내보이지 않고 살아온 사람도 많다.
유진하우스에서 하루 이틀, 혹은 일주일만 지나다 보면 서서히
자기 마음의 빗장을 연다. 사는 이야기를 나누다 보면 아픈 상
처가 치유된다. 가족이나 친척처럼 좋은 것을 주고받는 사이가
된다. 나는 줄 게 없어 정이라도 듬뿍 느끼게 했다.

이제 글로벌 시대로!

유진하우스를 다녀간 사람들과 인연을 계속 이어가기 위해
소셜 미디어 친구가 된다. 오늘도 온라인에서나마 그들을 생생
하게 만난다. 내 삶 속에 왔던 그들을 또다시 만날 수 있는 세상
이니 얼마나 좋은가? 서로의 삶을 엿보면서 교류를 이어갈 수
있다. 싱글이었던 사람이 결혼하고, 자녀를 낳아 부모가 돼가는
모습을 지켜본다. 유진하우스 이야기나 유진이 사진을 올리면,

반가워서 얼른 '좋아요'를 꾹 누른다. 그만큼 유진이가 성장하는 모습을 보고 싶어 하는 사람들이 많다.

유진이의 모습과 유진하우스의 풍경을 다양한 프레임에 담는다. 마당 장독대 옆에서 늘 새로움을 선물로 주는 들꽃들을 담는다. 아침부터 저녁까지, 또한 한밤중의 고요까지도 동영상으로 찍어 전달한다. 세계에 흩어져 있는 친구들에게 안부를 전한다. 한국어로 된 이야기지만, 그저 반가운 모양이다. 이곳에서 지냈던 추억들을 떠올리면서 댓글로 반겨준다. 다들 유진하우스를 한국에 있는 또 하나의 집(고향)이라고 여긴다.

우리 문화를 배우려고 온 세계인들보다 오히려 우리가 더 많이 배우고 누린다. 넓은 세상을 점차 알아간다. 다양한 언어를 조금이라도 맛본다. 생각하는 방법, 생활 태도 등 전혀 다른 문화에 대해 유연하게 반응하게 된다. 어떤 외국인을 만나도 주눅들지 않고 웃으면서 이야기를 나눌 여유도 생긴다.

그들이 내게 왔듯이, 나도 언젠가 그들에게 갈 날을 기다린다. 이제 세계 어디를 가도 나를 반기는 사람들이 있다. 나만의 큰 재산이다. 언제든 오기만 하라고 손짓한다. 당장이라도 날아가고 싶구나!

한옥은 뭐가 달라요?

한옥만이 가지는 특징: 온돌과 마루

겨울에는 온돌로 난방을 했고, 여름에는 천정이 높은 대청마루에서 시원하게 지낸다. 외국인들은 온돌문화에 대해서 궁금해한다. 온돌(溫堗)은 열기가 방바닥을 지나가도록 해서 방 전체를 데우는 난방 방식을 말한다. 세계에서는 우리나라가 유일하다. 옛날에는 밥을 지으려면 아궁이에 불을 지폈다. 구들장 사이로 따뜻한 연기가 돌면서 방안을 훈훈하게 데운다. 취사와 난방을 동시에 해결했다. 지금은 보일러를 사용해서 방바닥에 뜨거운 물이 오가면서 방이 따뜻해진다.

마당 한가운데 돌로 만든 징검다리가 놓여 있다. 장식처럼 보이기도 한데, 얼핏 보기에는 그냥 넓적한 돌이 놓여 있는 줄 안다. 방안에서 빼낸 돌, 구들장이라고 하면 손님들의 눈이 똥그래진다. 작은 방 하나라도 황토벽을 바르고, 황토 방바닥에 한지(닥종이)를 바르고, 콩물을 들인 방, 아궁이에서 불을 지피는 온돌방을 하나라도 남겨 놓고 싶었다. 아쉽게도 그럴 수가 없었다. 서울 시내에서 아궁이 불을 지피는 것은 법으로 허용하지 않는다. 뜨끈한 온돌방에서 몸을 지지고 싶다는 손님들이 가끔 있다.

따뜻한 방바닥에 아무것도 깔지 않고, 방바닥의 온기를 느끼면서 이불만 덮고 자는 것을 나도 좋아한다. 따끈따끈함이 온몸으로 전해진다. 잠을 자고 나면 땀이 나고 혈액순환이 돼서 개운하다. 방바닥에 누워 척추가 쭉 뻗어지게 크게 기지개를 켠다. 굽었던 등뼈가 바로 맞추어지면서 똑바로 펴진다. 좌식문화를 통해 따뜻한 방바닥에서 아랫도리는 늘 따뜻하게 유지했다. 우리 조상들이 온돌문화로 살아온 지혜로움이 건강을 지키게 한다. 삶의 질 향상은 더할 나위가 없다. 서울의 추위가 무서워도 온돌을 체험하고 싶다고 추운 겨울에 일부러 여행을 오는 사람도 있다. 역시 온돌이 최고다.

유진하우스가 만들어지기까지

　한옥을 짓는 재료는 나무와 황토다. 흙과 나무는 습도 조절이 가능해서 건강에 도움을 준다. 재질이 단단하고 잘 썩지 않는 좋은 소나무, 금강송(춘양목)으로 집을 지었다. 소나무는 살아서 천 년, 죽어서 천 년을 간다는 말이 있다. 우리 집 대청마루 위, 높이 솟은 천장을 가로지르는 우람한 대들보가 있다. 조상들은 장남에게 우리 집안의 대들보라고 했다. 현악기를 만드는 외국인이 고택의 대들보를 탐냈다는 말이 이해가 간다. 대들보를 중심으로 높이 솟은 지붕 위에 대들보를 지지하는 나무가 얽혀 있다. 못이나 다른 재료를 사용하지 않았다.

    서까래는 적당한 간격을 유지하면서 나란히 늘어서 있다. 대들보와 서까래가 천장을 장식하고 있어 누워서 보면 또 하나의 풍경이 펼쳐져서 그것을 보는 것만으로도 힐링이 된다. 서양의 천장에 장식된 알록달록한 스테인드 글라스 문양과는 다른 맛이 있다. 장식의 목적이 아니었지만, 우리 눈에는 참 아름답게 보인다. 자연 그대로인 나무 목재들은 기와집의 중심을 잡는 기능도 하고 보기에도 좋다. 대청마루 천장을 가로세로 지른 대들보와 서까래는 일부러 연출하지 않은 한 폭의 풍경이 담긴 작품이다.

마당을 가운데 두고 방과 부엌 등 여러 공간이 하나로 연결된다. 둘러싸여 있으나 막히지 않은 공간이다. 툇마루로 나가 신발을 신지 않아도 다른 방에 갈 수 있다. 툇마루는 내부와 외부를 자연스럽게 이어준다. 햇살 좋은 날에는 툇마루에 앉아 담소를 나누며 편안한 마음으로 여유를 즐길 수 있는 공간이다. 외국에서 온 손님들이 툇마루에 앉아서 책을 읽기도 한다. 그들은 그렇게 평화롭게 툇마루에서 일광욕도 하고, 책도 읽는다.

때로는 낯선 사람들끼리 차도 마시면서 친해지기도 한다. 관광을 나갔다가 집으로 돌아오자마자 툇마루에 벌렁 누워 낮잠을 자는 속 편한 사람도 있다. 잠깐이나마 낮잠을 자면 얼마나 개운한지 툇마루에 누워 잠을 자 본 사람만 그 맛을 안다. 봄이 오면 툇마루에 자주 눕는다. 툇마루에 비친 햇살을 맞으며 겨우내 젖었던 몸을 녹인다. 아직 바깥 공기는 차갑지만, 따스한 햇볕이 봄맞이할 기운을 돋아준다.

서울에서는 마당 넓은 집이 많지 않다고 하는데, 우리 집 마당은 비교적 넓은 편이다. 이른 봄부터 양지바른 햇살이 시간과 계절이 바뀔 때마다 이동선을 달리하며 마당 위에 그림을 그린다. 마당에 한가득 내리비치는 햇살을 사계절 동안 맘껏 누리며 자연과 더불어 산다. 마당은 늘 비어 있지만, 활용도가 높다. 평상이라도 마당에 펼치면 오가던 사람들이 편하게 와서 쉬었다

간다. 그래서 이웃과 교류도 자연스럽다. 이웃 손님이 오더라도 방안을 다 오픈하지 않아도 된다. 요즘은 집안에 남들이 오는 것을 여러 가지 이유로 반기지 않는다. 우리에겐 마당 평상 위에서 벌어지는 자칭 '마당 카페'가 있으니, 동네 카페가 부럽지 않다.

욕심을 줄이고 세상을 바라보는 방

한옥은 방이 그리 크지 않다. 키 큰 유럽인이 작은 방을 예약하는 메일이 오면 키가 얼마인지 조심스레 묻기도 했다. 처음에는 목화솜을 넣은 전통 요와 이불을 준비했다. 그런데 키 큰 서양인이 하루 이틀은 체험으로 괜찮을지는 몰라도 여러 날을 지내기에는 불편하게 여겨질까 걱정이 됐다. 큰 방이 남아 있을 때는 무조건 업그레이드해 드렸다. 요즘은 오랜 기간 머무르는 여행객이 아무래도 불편할 듯해서 침대를 놓은 방도 있다.

"문화 체험하러 여행 와서 하루 이틀 작은 방에서 지내는 게 뭐가 큰 문제냐?"고 얘기하는 분도 계셨다. 우리도 태어나기 전에 좁은 엄마 뱃속에서 10달을 살지 않았는가? 그렇지! 방이 좀 작으면 어때! 작은 배짱도 생겼다. 욕심을 버리고 좁은 공간에서 자신과 세상을 바라보는 일도 의미가 있으리라 생각된다. 이

참에 〈욕심을 줄이고 세상을 바라보는 방〉이라고 방 이름도 하나 지었다. 방 이름 하나 짓기에도 욕심을 부려 안달이다.

한옥의 가장 중심인 안방과 건넌방, 그리고 대청마루는 남쪽으로 향해 있어서 햇볕이 따뜻하게 들어온다. 방안에 요와 이불을 깔면 잠자리가 된다. 아침에 일어나서 이불을 걷으면 넓은 공간이 확보된다. 밥상을 펼치면 밥을 먹는 곳, 찻상을 놓으면 차를 마시는 다실이 된다. 책을 읽기 위한 앉은뱅이책상이 있으면 공부방이 된다. 잠자리와 식사 공간이 나누어져 있는 서양에서는 방안에서 모든 것이 이루어지는 한옥이 조금은 어색할 수도 있다. 잠자던 곳에서 밥 먹는 게 이상하다고 생각할 수도 있지만, 방의 활용도가 이렇게 다양하다. 좁은 공간을 잘 활용하는 지혜다.

　방 안으로 들어가기 전에 신발을 벗어야 하냐고 묻는 사람도 더러 있다. 외국인들도 이제는 드라마에서 본 듯, 실내로 들어갈 때는 말하지 않아도 신발을 알아서 벗기도 한다. 몇 년 전까지만 해도 신발을 신은 채 마루나 방안으로 뚜벅뚜벅 들어가는 사람이 많았다. 그럴 땐 "Wait, Wait! Take off your shoes, please!"를 자주 외쳐야 한다. 실내에서 신발을 벗고 사는 문화가 얼마나 위생적인가? 방 안에서 양말도 벗고 지내는 것이 방바닥의 따뜻함을 직접 느끼고, 발도 갑갑하지 않으니 편하다. 게다가 신발이 밖에 가지런히 놓여 있으면 아직 방안에 사람이 있는지를 안다. 그런데도 신발을 방안에 들여놓는 사람이 가끔 있다. 신발 분실에 대한 걱정인지도 모르겠다. 온갖 먼지가 다 묻은 신발을 방에 들여다 놓으면 어떡하라고? 방안은 청소해서 깨끗하니 신발을 벗고 지낸다고 재차 알려준다.

삶의 지혜가 돋보이는 공간

기와지붕은 용마루 아래로 암수 기와가 기왓골과 기왓등을 이루며 잘 포개어져 있다. 도자기를 만들 듯, 하나하나 손으로 빚어 구운 기와에는 문양도 그려져 있다. 더운 여름날은 흙이 복사열을 발산해 집안이 그렇게 덥지 않다. 적당한 높이의 처마는 겨울의 일조량과 여름의 비를 고려했다고 한다. 경사진 기와지붕과 곡선의 처마가 어우러져 멋스럽다. 처마가 하나인 홑처마와 두 개인 겹처마 집이 있는데, 유진하우스는 겹처마 집이다.

목수는 새로 지을 집에서 1년 동안 함께 살기도 했다고 들었다. 집주인의 성품도 알아야 했고, 주인이 원하는 집을 지어야 했기 때문이다. 그리고 사계절을 지나면서 마당으로 비치는 햇빛의 동선, 비, 바람도 파악한 후, 적당한 목재를 골랐다고 한다. 대들보로 쓸 나무, 기둥으로 받칠 나무, 서까래로 쓸 나무 등을 오랫동안 관찰했다니, 얼마나 정성을 들인 집인가? 자연 친화적으로 지은 한옥의 우수성과 과학성을 몸으로 직접 체험한다.

한지를 바른 격자 문양의 창호 문은 안과 밖을 차단해주지만, 공기를 들어오게 하고, 햇빛을 투과시켜준다. 이른 아침 어스름이 서서히 걷히고 태양이 돋으면, 창호 문에 아침을 깨우는 빛이 비쳐온다. 밝음이 서서히 방안으로 스며들어오면 저절로 잠이 깬다. 날이 밝아 왔는데 가만히 누워 있을 수가 없다. 아침에 툇마루를 나가 화장실을 다녀오는 사이 찬 공기를 쐬니 머리가 맑아진다. 아침에 더 자고 싶은 유혹이 달아난다. 저녁에는 화장실을 오가면서 별과 달을 본다.

　태양이 머물고, 달이 멈추는 것을 언제든지 볼 수 있다. 자주 하늘을 보다 보면, 일기예보를 어느 정도 알아맞히게 된다. 기상변화를 눈과 온몸으로 확인한다. 한옥에서는 일찍 자고 일찍 일어나는 습관을 들이고, 잠도 푹 잘 자게 된다. 불면증으로 고생하는 사람도 유진하우스에서 자면 잠이 잘 온다고 한다.

　여름에 비가 많이 내리는 우리나라는 돌을 쌓아 집을 땅보다 조금 높은 곳에 지었다. 유진하우스도 다른 집에 비해 더 높이 지어졌다. 마당에서 방까지 또 1m 정도 차이가 난다. 난방의 효율성은 물론 땅의 습기를 조금이라도 차단하려는 방법인 듯하다. 마당의 가장자리는 장석(긴 돌)이라 불리는 돌로 둘러 있다. 마당을 네모지게 경계로 삼은 대장석(大長石)을 보아도 집안의 권세를 알 수 있다고 한다. 그 당시는 이동 수단도 변변치 않았을 텐데, 긴 돌을 옮겨 왔다. 대장석, 대들보, 겹처마 등으로 그 집 주인의 신분을 어느 정도 파악해본다. 기둥 곳곳에 달린 주련에 새겨진 글들이 이 집안을 지켜간 정신이었으리라. 진짜 추사 글인지는 알 수 없지만, 秋史(추사)라고 쓰여 있다. 우리나라 서예의 최고 대가가 직접 쓴 글이면 얼마나 좋을까? 진위가 궁금하다.

집 안에 들어서자마자 눈에 보이는 '백세청풍(百世淸風)'(백세토록 길이 전할 맑은 기풍)은 영원토록 변치 않는, 고고한 선비가 지닌 절개를 대변하는 글귀다. 충효자교(忠孝子敎)와 같은 글귀는 언제든 집안을 오갈 때마다 보이기에 마음에 담고 실천하며 살아왔을 듯하다. 또한 사시사철을 지나며 느낀 자연의 변화를 사언 절구, 칠언 절구 등으로 표현해 두었다. 자녀들에게 굳이 말하지 않아도 저절로 교육이 됐다. 시적인 글귀로 사색하고 삶에 적용하며 살아왔다.

끈끈하게 이어진 정

한옥은 우리 정서에도 많은 영향을 미쳤다. 가족 간의 유대관계다. 온돌 문화로 따뜻한 아랫목에 이불을 깔고 가족이 오순도순 모여 앉아 이야기를 나눈다. 이불 속으로 발을 넣으면 다리가 부딪히고 몸이 닿는다. 한 이불을 덮고 자니 가족끼리 친해질 수밖에 없다. 특히 가족 손님들이 오면 '한 가족 한 이불 덮고 자기 체험'을 권유한다. 우리는 내복과 조끼 등을 입고 지내는 터라 감기에 잘 걸리지 않는다. 겨울에는 조금 춥게 지낸다. 조금 몸살 기운이 있으면 따뜻한 물을 많이 마시고, 방을 좀 더 따뜻하게 데운다.

한옥은 대가족이 살던 곳이다. 3, 4대가 같이 살 수 있었던 것도 한 집안이지만 독립된 공간들로 나뉘어 있었기 때문인 듯하다. 한 공간에 너무 가까이 붙어 있으면 싸우는 소리도 들리고 모든 생활이 노출되니까 불편한 점도 있다. 그런데 한옥은 방들이 멀찍이 떨어져 있다. 다른 방에 가려면 툇마루를 통하거나 마당으로 걸어 나가서 가야 한다. 유진하우스에는 처음부터 TV를 놓지 않았다. 방과 방이 연결된 곳도 있으니 TV 소리가 다른 방에 들리면 피해를 줄 수 있다. 하루 이틀쯤 TV를 보지 않고, 가족끼리 못다 한 이야기를 실컷 나누도록 한다.

문 잠금장치도 따로 설치하지 않았다. 가족끼리 살 때는 누구의 방이든 아무 때나 드나들 수 있었다. 개인 프라이버시를 중요시하는 서양 사람들의 생활 습관을 고려하지 않았다. 안에서는 잠글 수 있지만, 밖에서 잠글 수 없다. 외출하는 손님 중 가끔은 문을 어떻게 잠가야 하는지 내게 묻는다. 내가 집에 있으면 지켜주기도 하고, 방안에 열쇠로 잠글 수 있는 서랍장을 넣어 두기도 했다. 손님의 걱정거리를 덜기 위해 자물쇠를 달아도 되는 방은 잠금장치를 만들어 두었다. 남들하고 살 때는 이런 문제가 있구나, 새삼 깨닫는다.

한지 창호 문 밖으로 비치는 불빛으로 누가 벌써 잠이 들었는지, 늦은 밤까지 안자고 깨어 있는지도 알 수 있다. 밤에 불이 있어야 잘 수 있다고, 미등 하나라도 켜 두고 자는 분들도 더러 있다.

늘 대문을 열어 놓고 살았더니, 경찰이 와서 문을 좀 닫고 살라고 한다. 요즘 이상한 사람들이 많아서 문을 열어 놓으면 위험할 수도 있다고 일러주고 간다. 담장이 아름다운 시골에 가면 담 높이도 남의 집안을 들여다볼 수 있을 정도다. 흙에다 돌을 듬성듬성 넣어 만든 구불구불한 담장은 그것 자체가 운치 있다. 내 것 네 것을 구분 짓지 않고 살아왔던 우리 삶의 방식을 어떻게 다 설명할 수 있을까. 삶을 다 내보이면 허물이 될 수도 있지만, 보이는 그대로의 상대방을 인정하며 터득한 배려심은 한옥의 거주 형태에서 저절로 배우게 됐다.

작은 골목길을 지킵니다

우리 동네는 골목길이라 처음 집을 찾아올 때 다들 어려워한다. 그래도 손님들은 골목길을 오랜만에 걸으며 추억에 젖는다. 또 유진이 집이 어디냐고 오가는 사람들에게 물어가며 겨우 찾아오는 것을 작은 즐거움으로 여기기도 한다.

우리 동네 골목길은 거의 주차장으로만 활용되고 있다. 골목길에서 아이들이 노는 모습도 잘 찾아볼 수 없다. 우리 아이들에게도 골목길 정서를 남겨 주고 싶은데, 점점 골목은 사라지니 아쉽다. 가끔 유진이가 어릴 적에 동네 친구들과 담장 밑에서 기와를 그릇 삼고, 꽃잎과 풀잎을 뜯어 소꿉놀이하곤 했다. 어느 여름날, 유진이는 일본에서 왔던 또래 아이들과 골목을 누비면서 물총 놀이도 했다. 옷이 젖어도 상관없고, 큰소리를 지르면서 골목을 이리저리 뛰어다녀도 괜찮다. 언어가 달라도 아이들은 금방 친해지는 방법을 터득한다. 유진이는 손님으로 온 친구들과 아주 재미있게 놀곤 했다. 여행 일정이 끝난 손님들은 관광을 나갔다가 곧바로 자기 나라로 돌아가는 경우도 있다. 그런데 유진이는 같이 놀았던 친구들이 다시 우리 집으로 돌아오는 줄 알고 저녁마다 기다리기도 했다. 작별 인사를 제대로 하지 못한 채 헤어져서 아주 섭섭해했다.

'사람은 집을 짓지만 집은 사람을 만든다.' 영국의 정치가인 윈스턴 처칠이 남긴 말이다. 사람의 영혼과 생활방식이 고스란히 깃들어 있는 곳이 집이라는 뜻이다. 한옥에서는 밤과 낮, 하루를 온전히 느낀다. 도심에 있지만, 시골에 온 듯 조용히 명상할 수 있고, 창작활동을 맘껏 할 수 있는 공간이다. 여백의 멋과 곡선의 여유로움이 집을 감싸고, 조상의 지혜로운 삶이 한옥에 고스란히 담겨 있다. 그렇게 사람을 사랑하고, 사람 사이의 예를 중시해 온 문화를 이어간다.

　한국 역사를 이어가는 한옥 현장에서 당신이 살아 있음을 증명하라! 삶의 흔적을 찐하게 남기고 싶은 분들은 어서 오시라!

'유진이 엄마'라고
불러주세요

손님들은 나를 '아줌마' 또는 '사장님'이라 부른다. 요즘은 내가 유진하우스의 대표라고 '대표님'이라 부르기도 한다. 아직 적절한 호칭을 찾지 못했다. 그래서 손님들이 오면 "딸 이름을 따서 유진하우스에요. 저를 그냥 유진이 엄마라고 불러주세요"라고 말한다. '유진이 엄마' 다섯 글자니 좀 길기는 하다. 일본에서 자주 오는 선생님 몇 분이 있다. 유진이가 늘 나에게 '엄마'라고 부르니까, 선생님들도 유진이를 따라 나를 '엄마'라고 부른다. 짧고 좋네! 어쩌다 보니 만인의 엄마가 돼버렸다.

안동 권씨인 할머니의 영향을 받은 아버지에 따라 유교적인 집안 분위기 속에서 살았다. 유교가 여성을 제한하는 것 같아 그 선을 뛰어넘으려 여성학에 심취했다. 대학 시절, 때마침 여성학이 막 바람 불기 시작했다. 또 보수적인 한국 교회의 분위기에서 여성을 존중하지 않는 태도에 반기를 들고 싶었다. 그래서 나는 누구의 엄마라 불리기보다는 '김영연' 내 이름을 불리도록 살겠다고 마음먹었다. 인간으로서의 인격을 존중받으면서 살고 싶어 몸부림을 쳤다.

유진이를 낳은 후, 유진이에게 엄마라 불리는 게 얼마나 감사한 일인지 알게 됐다. 엄마가 되었다는 것만으로도 얼마나 특별한 일인가? 이제는 '유진이 엄마'라고만 불리는 것으로도 만족한다. 한국에서는 여성을 부를 때 누구 엄마라 지칭한다. 자녀가 유진이 하나뿐이지만, 모두의 엄마가 되는 것을 마다하지 않고 살아간다.

서양에서 온 학생 중에는 나를 '한국 엄마'라고 부르기도 한다. 내가 진짜 좋은 엄마의 자격을 갖추면 좋겠다고 늘 생각한다. 유진하우스에 오는 수많은 이들에게 필요한 부분을 채워주고, 정을 나눠주는 푸근한 엄마로 살고 싶다. 중국에서 오는 젊은 처자들은 나를 '따제(大姐)'라고 불러도 되냐고 묻는다. 자신들보다 나이도 훨씬 들어 보이니 그런가 보다. 큰언니라 불러주는 것만도 다행이다. 그런데 요즘은 나름 예의를 갖춘다고 나를 '어르신'이라 부르는 청년들이 늘고 있다. 아, 언제 이만큼 나이가 들었지?

늦둥이 딸 유진이

유진이를 마흔에 겨우 낳았다. 젊었을 때는 내 삶에 대한 욕심과 애착이 많아서 아이에 대해 별다른 생각을 하지 않았다. 결혼 후 9년이 지나서야 겨우 임신을 하게 됐다. 그때는 중국에 살 때였다. 한국에서 살 때보다 훨씬 단순하게 살 수 있었다. 덕분에 여유로움을 찾았고, 일상생활도 훨씬 편해졌다. 그러나 나이가 들어갈수록 주변에서는 나에 대한 걱정이 많았다. 나도 뭔가 할 일을 다 하지 못한 듯한 마음이 한구석에 남아 있었다. 그런데 감사하게도 유진이를 얻게 되었다. 아기를 갖게 되자, 모두가 얼마나 기뻐했는지 모른다. 많은 사람들이 나를 위해 기도해주었다. 한국에 돌아올 때 유진이를 낳아서 데려오니, 세상 그 어떤 벼슬보다 유진이를 얻은 것이 가장 귀한 일이라고 좋아했다.

길을 가다가도 다른 아이가 "엄마"라고 부르면, 유진이 목소리가 아닌 줄 알면서도 뒤를 돌아본다. 모성의 본능이다. 유진이가 한동안 나를 엄마라 불러주는 것이 낯선 적도 잠시 있었다. 어느 순간부터 "엄마가 해 줄까?"라는 말이 자연스럽게 입에 붙었다. 언제나 유진이를 세밀히 살피려고 노력한다. 엄마로서 누릴 행복을 누리며 살아가는 일상이 얼마나 감사한지 모른다.

나는 전통적인 엄마, 진짜 엄마 같은 엄마와 살아왔다. 엄마의 과분한 사랑 속에서 자랐다. 엄마는 늘 나의 지지자였고, 그런 엄마를 믿고 살아왔던 터라 두려울 게 없었다. 엄마는 우리 네 자녀를 따뜻한 분위기에서 키워 주셨다. 가난한 생활 속에서도 우리는 가난을 못 느끼고 살았다. 부잣집 딸이 아닌데도, 부잣집 딸로 남들이 여길까 봐 속으로 걱정하기도 했다. 우리가 어렸을 때는 먹을 것, 입을 것이 넉넉지 않은 환경이었다. 그래도 마음만이라도 늘 풍성하게 살 수 있었다. 다 엄마의 지혜와 사랑 덕분이다. 엄마는 형제가 많았지만, 외할머니가 자주 편찮으셔서 온갖 살림을 도맡아 했다. 심지어는 친정 가까운 곳에 시집을 가서 계속 친정 일과 동생들을 도와주고 싶은 마음에 좋은 혼처들도 다 마다했을 정도였다. 엄마의 지나친 희생정신은 자식인 우리와 손자들에게까지 다 흘러넘친다.

　늦은 나이에 유진이를 낳고 아무것도 할 줄 모르는 내가 한심했다. 유진이가 태어나자마자 내가 한 일이 거의 없을 정도로 엄마가 애지중지 키워 주셨다. 지금도 다른 일은 대충하더라도, 유진이만은 잘 돌보라고 하면서 늘 걱정하신다. 나는 이렇게 자식 사랑에 극성인 엄마에게 사랑을 넘치도록 받고 살아왔다. 그러다 보니 엄마의 삶이 안타까웠다. 나는 절대 희생하지 않고,

엄마와 반대의 삶을 살기로 했다. 그래서 내가 하고 싶은 것은 다 하고 살았다. 이제 돌아보니 희생 없이는 아무것도 할 수 없음을 알게 됐다. 엄마가 남긴 희생의 열매가 얼마나 귀중한지를 뼈저리게 느낀다.

지금도 엄마는 외국 손님들에게 한국의 맛을 보여주라고 손수 만든 반찬을 거의 이삿짐처럼 보내온다. 얼마나 빈틈없이 싸서 보내는지, 바늘 하나 들어갈 구멍조차 없다고 친구는 표현을 한다. 엄마가 가끔 보내 주는 생필품과 반찬들을 정리하는 일도 만만치가 않다. 때로는 엄마한테 그만 좀 보내라고 짜증을 내기도 했다. 엄마의 수고가 느껴지고, 이제 그만 편히 사시길 바라는 마음에서다.

유진하우스 단골 외국 손님들은 엄마의 손맛을 안다. 그래서 엄마가 보내온 음식들을 대접하면 너무 좋아한다. 엄마표 반찬들을 싸 주기도 한다. 다들 엄마의 손맛을 알아주고 귀히 여긴다. 한국 밑반찬을 접하지 못한 서양 사람들은 자세히 설명해주지 않으면 멀뚱히 쳐다만 본다. 엄마가 직접 손으로 만든 음식이라고 알려주면 하나씩 조심스레 맛을 본다.

만능 엔터테이너는 아니어도 살 수 있다

한옥에 살면서 그 많은 일을 어떻게 감당하냐고 묻는 사람들이 많다. 집안일을 잘하지 못하는 나는 그 말뜻이 무엇인지 처음에는 잘 몰랐다. 깔끔하게 정리된 아파트에서 생활하면서 살림을 하기도 쉽지가 않다. 한옥은 보통 집에서 살림하는 것의 몇 곱절일 수도 있다. 할머니가 집안을 오가며 쉼 없이 걸레질을 하던 모습이 떠오른다. 그럴 정도로 먼지가 많이 쌓이기도 한다. 처음에는 결벽증이 있는 사람처럼 눈을 부릅뜨고 머리카락 하나라도 찾아내야 속이 시원했다. 솜을 넣어 만든 칠색단 누비요를 햇볕에 널어 말리느라 무거워서 허리가 아플 정도였다.

집안일도 요령이 있을 텐데, 제대로 집안일을 해본 적이 없어 겁만 내다가 막상 닥쳐서 일하니 여간 힘든 게 아니었다. 손끝이 여물지 못한 나를 아는 사람들이 걱정했던 바를 한옥에 살아가면서 알아갔다. 덜컥 겁이 났다. 혼자선 집을 관리하기가 역부족이었다. 결국 24시간 상주하며 일을 도와주시는 분을 구했다. 점차 종일, 반나절의 파트타임으로 일을 도와주시는 분도 있었다. 여러 손길이 필요할 듯해서 이분 저분 부르다 보니, 손님보다 일하는 사람이 더 많은 적도 있었다. "먼지도 좀 있어야 한옥이지!"라고 말한 분이 다녀간 뒤 먼지가 좀 보여도 어느 정도 눈치껏 모른 척한다. 너무 깔끔한 사람은 한옥에 살면 병이 날 수도 있겠다.

한옥에 살면서 조금은 여유롭게 살고 싶었는데 쉽지 않았다. 나는 살림을 잘할 수 없는 사람이 된 것이 엄마 탓인 양 투덜거리곤 했다. 이제 내가 스스로 살 궁리를 해야 한다고 팔을 걷어

붙인다. 아침저녁 선선해지니 곧 겨울이 들이닥칠까 염려가 된다. 가지 말리기로 겨울 준비를 시작한다. 사실 요즘은 겨우내 먹을 것을 준비하지 않아도 슈퍼에 가면 언제든 살 수 있다. 손이 큰 엄마가 가지를 많이 부쳐왔다. 하는 수 없이 부지런함을 저절로 떨게 된다.

요즘 물가가 하도 비싸 무엇이든 보내 달라고 했다. 농사를 짓지도 않는데, 엄마가 농사하시냐는 질문을 많이 받았다. 엄마는 이웃에서 직접 지은 농산물이라 믿을 만하다고 재차 강조한다. 아주 무거운 박스를 두 개나 배달해주는 택배 기사님께 늘 죄송한 마음이다.

비록 내 손끝은 여물지 않아도, 엄마 솜씨 덕분에 사람 구실을 하며 살아 올 수 있었음을 감사히 여긴다. 엄마의 과잉 사랑으로 편하게 살았지만, 그렇게 살면 안 된다는 것을 이제야 안다. 유진이에게는 적당한 사랑만 베풀고 살아야겠다. 자기가 해야 할 일은 스스로 할 수 있도록 미리 훈련을 시킨다. 내가 엄마에게 받은 사랑을 어떻게 다 갚을 수 있을까?

'유진이 엄마'로 살아 주어서 고맙습니다

엄마라는 말에는 굉장한 힘이 포함돼 있다. 듣기만 해도 따뜻하고 부드럽다. 세상 어느 단어보다 숭고한 뜻이 담겨 있다. 언제든 엄마라고 부를 수 있는 엄마가 있고, 언제든 엄마라고 부르면서 달려갈 곳이 있다는 것은 최고의 축복이다. 앞으로 얼마나 더 이 복을 누리며 살아갈지는 모르겠다. 엄마가 내게 베풀어 준 만큼 사랑을 못 돌려 드리더라도 나로 인해 근심하는 일은 없도록 해야 하는데….

앞으로 남은 인생에서 엄마를 부르고, 엄마라고 불리는 일은 내 삶의 원동력이다. 더 큰 힘을 얻어 살아가도록, '유진이 엄마'라고 많이들 불러줬으면 좋겠다. 유진이 엄마라고 불리다 보면 언젠가는 제대로 된 엄마 자격을 갖추어 가리라 믿는다. 비록 완벽하진 못해도 내가 엄마한테 받은 사랑을 조금이라도 유진이에게 나누어 주려고 한다.

얼마 전에 유진이가 내게 짧은 편지를 건네준 적이 있다.

'유진이 엄마'로 살아 주어서 고맙습니다.

여전히 이기적인 엄마인데도 나를 그렇게 여겨 주고 있다니,
얼마나 다행인가?

앞으로는 유진이와 뜨개질도 하고, 손으로 한 땀 한 땀 수도 놓고 싶다. 음식도 집에서 직접 만들어 먹어야겠다. 옛날 조상들이 살았던 생활방식으로 조금이라도 돌아가고 싶다. 혹시 나에게도 엄마의 솜씨가 남아 있을지도 모를 일이다. 그 솜씨를 찾아내 예쁜 작품들을 직접 만들고 싶다. 한국 전통 냄새가 나는 솜씨를 이제라도 하나씩 배워가려고 한다. 장인들이 직접 수업해주는 서울무형문화재 전시교육장을 괜히 기웃거린다. 이왕이면 전통 공예기술을 배워서 작품도 만들고 우리 집도 꾸미고 싶다. 외국인들에게도 우리 전통의 아름다움을 알려 주어야지.

Part 2

I just love Korea!
그냥 한국이
좋아요

한국 초등학교를 다니는 리얼 미국인

유진하우스의 체험문화 광고모델

자칭 한국 홍보대사 터키 모녀

'Made in Korea'를 외치는 러시아인

'My Hanok, Paradise!' 한옥의 매력 속으로

피비네 가족은 못 말려

입이 짧은 쿠미코 씨

한국 초등학교를 다니는
리얼 미국인

인형처럼 예쁘게 생긴 미국인 자매가 왔다. 노란 곱슬 머리에 하얀 피부를 가졌다. 외모는 영락없는 외국인인데, 한국어를 곧잘 한다. 엄마 아빠 중 한 분이 한국인인가? 아니다. 두 분이 다 리얼 미국인이다.

처음에는 "안녕하세요." "감사합니다." 정도의 인사말만 할 줄 안다고 생각했다. 미국 자매가 한국말을 너무 잘해서 교포 2세라고 해도 믿을 정도다. 그렇지만 존댓말 표현은 아직 서툴다. 평소 친구들에게 하던 반말을 나에게도 한다. 어른들에게는 존댓말을 써야 한다고 차근차근 가르쳐 주었다.

우선 가장 쉽게는 말끝에 꼭 "요"라도 붙이라고 했다. 마지막 단어에 '요'를 붙이려고 신경을 쓴다. 한국어를 잘하니 외모는 미국 아이라도 한국 느낌이 잔뜩 배여 있다. 샌프란시스코에 있는 한국인 학교에 다닌다고 한다. 미국에 사는 한국 학생들이 미국 공립학교에 다닌다는 이야기는 들었는데, 미국 학생이 한국인 학교에 다니는 경우는 거의 들어본 적이 없다. 초등학교 3학년인 가은이와 유치원생 하은이다. 이름도 한국인답다. "하은아! 가은아!"라고 부르는 게 서로 익숙하다. 그래서 미처 미국 이름은 물을 겨를도 없었다.

한국 학교에 다니면서 전통문화 놀이도 많이 배워 투호, 공기놀이, 제기차기 등도 잘 알고 있다. 우리 집에서 눈에 띄는 대로 체험을 해 보려고 한다. 둘이서 투호 던지기를 아주 신나게 하고, 아빠도 두 딸과 투호 놀이를 한다. 제기차기는 가은이 아빠가 어려워서 유진이 아빠가 직접 시범을 보여주기도 했다.

두 자매는 마당에서 잘 놀다가 마당 한 쪽에 있는 장독을 둘러본다. 무엇이 들어 있는지 궁금해서 살핀다. "된장, 고추장, 간장이야! 된장찌개 먹어 봤어? 고추장도 먹을 수 있어?"라고 물었더니 매운 음식을 잘 먹는다고 한다. 고추장에 비빈 비빔밥을 아주 좋아한다고 말이다.

"아이고~~."

말하는 중에 천연덕스럽게 감탄사를 자주 사용한다. 할머니처럼 말이다. 주변에 한국 할머니가 계셨나? 여느 한국 아이들하고 다를 바가 없다. 예쁜 미국 아이가 우리말을 잘하니 더 사랑스럽다. 영어와 독일어를 잘하는 동네 할아버지께 두 아이가 대견스러워서 자랑을 했다. 할아버지가 아이들에게 유창한 영어로 질문을 했다. 그런데 한국어로 또박또박 답을 한다. 할아버지는 그런 아이들이 사랑스러워 어쩔 줄 몰라 하신다.

"아이고 참!"

미국 아이도 한국 아이가 될 수 있다. 교육이 이렇게나 중요하다. 그 나라의 언어와 문화를 배우게 되면 사람이 바뀐다고 하더니, 신기할 따름이다. 가은이와 하은이 부모님께 두 아이가 얼마나 한국인의 느낌이 나는지를 알려드렸다. 그렇지만 본인은 한국어를 할 줄 모를뿐더러, 한국 문화도 잘 몰라서 자신의 아이들이 얼마나 한국 아이 같은지 알 수 없다고 한다. 아니, 딸들을 한국에 다 뺏기게 생겼는데, 모르고 있어도 되는 건가?

유진하우스의
체험문화 광고모델

후지미(富士見) 선생님과는 거의 20년 지기가 다 되어 간다. 직장 생활할 때 점심시간에 회사 앞에서 밥을 먹다가 우연히 만났다. 일본인 몇 분이 앞 식탁에 앉아 메뉴를 고르고 있었다. 매운 음식을 잘 못 먹는 분이 계셔서, 음식에 대해 간단히 설명을 해드렸더니 고맙다고 한다. 식사 후에 함께 사진을 찍었다. 일본으로 돌아간 후 사진을 보내오고 정성을 다한 손편지를 보내 주었다. 서툰 한국어로, 서툰 일본어로 서로 편지를 주고받으면서 틀린 문장은 빨간 펜으로 고쳐 주기도 했다.

초등학교 선생님이라서 봄, 여름, 겨울방학을 이용해서 자주 왔다. 오기 전에 여행의 목적이 무엇인지를 미리 여쭌다. 음식 투어 관광, 역사탐방 관광, 힐링 여행 등으로 구성원들이 원하는 여행 스타일에 따라 미리 정보도 알아본다. 동행할 수 있는 한 최대로 시간을 같이 보낸다. 되도록 우리가 사는 실생활을 체험하게 해주고 싶어 동네 목욕탕에 같이 갔다. 때밀이 체험도 한다. 한증막도 찾아가서 찜질방 체험도 한다. 맛있는 음식점들을 찾아가서 음식체험도 한다. 재래시장에 가서 장을 봐서 일본에 선물로 들고 간다.

선생님 혼자 여행을 온 적이 있다. 안동으로 여행을 가고 싶다는데, 지방으로 혼자 가는 게 못 미더웠다. 마침 나도 여행을 하고 싶었던 차라 같이 따라나섰다. 청량리에 가서 안동까지 가는 기차를 타고 함께 여유롭게 여행을 했다. 해를 거듭해가면서 만나는 기회가 잦아지다 보니, 일본어로 소통을 해야 했다. 자연스럽게 일본어를 배웠고, 덕분에 일본 관광객들이 무엇에 관심 있어 하는지 알 수 있었다. 내가 게스트하우스를 하도록 미리 훈련을 시켜 준 셈이다.

유진하우스를 시작하고, 처음 비즈니스를 해 보는 일이라 손님이 와도 불안하고, 안 와도 불안한 시절이 있었다. 그때 선생님 부부는 오픈 축하를 겸해서 친구들과 함께 왔다. 첫 손님맞이나 다름없었다. 광고도 하려니 사진이 필요했다. 초상권의 문제가 있어서 아무런 준비도 못하고 있었는데, 그분들이 자진해서 한복을 입고 사진을 찍으며 적극적으로 도와주었다.

일본 분들은 웬만해서는 자기 얼굴이 광고에 쓰이는 것을 좋아하지 않는다. 특히 세계적으로 알려지는 일이면 더욱더 그렇다. 그런데도 모든 것을 허락하고, 마음껏 광고하라고 했다. 김치 체험도 하고, 다도 체험도 하는 등 우리 유진하우스의 광고 모델이 기꺼이 되어 주었다. 초창기 한옥체험을 하는 사람들의 사진은 대부분 선생님 부부다. 홈페이지나 광고문안 등 일본어로 번역할 때도 일본인들의 느낌으로 표현되도록 여러모로 신경을 써 주었다.

나는 선생님(先生, せんせい)을 센세이라고 불렀다. 그랬더니 우리 집 식구들은 물론 내 주변 사람들이 모두 센세이로 부른다. 선생님은 팥빙수를 좋아해서 이메일 주소에 pappinsu(팥빙수)가 들어 있을 정도다. 여름에는 팥빙수가 맛있는 곳을 찾아다니며 하루에 세 번 팥빙수를 먹기도 했다. 팥빙수를 먹을 기회만 있다면 겨울에도 꼭 먹는다. 모양이 특별해 보이고 맛이 있을 듯해서 다른 빙수도 시켜서 맛을 보기도 한다. 겨울에는 팥이 들어 있고, 겉이 바삭거리는 붕어빵을 기다렸다가 사 먹는다. 나도 팥이 들어 있는 음식을 좋아해서 우리는 팥순이다. 일본에도 팥이 들어 있는 모찌류가 많다. 입에서 살살 녹는 생크림 팥 모찌는 우리 가족 모두가 좋아한다. 무엇이나 진기하고 맛난 것들을 찾아 꼭 챙겨 온다.

　선생님이 한국에 올 때는 거의 이사를 오듯이 물건을 챙겨 온다. 어느 날은 유진이가 담임선생님께 일본 인형을 닮았다는 말을 들었다고 전했다. 그랬더니 유리 박스에 담긴 아주 큰 인형을 들고 왔다. 일본에선 아기가 태어나면 축하의 의미로 인형을 선물하는 풍습이 있었다고 한다. 60년 이상 된 일본 인형을 이고 왔다. 유리 제품을 들고 오는 것은 얼마나 조심스러운 일인가? 들고 오느라 얼마나 고생을 했을까? 정말로 유진이랑 너무 닮았다. 내가 골동품을 좋아하니 옛날 그릇 등 골동품들도 모아 온다. 유진이에게 유카타(ゆかた, 浴衣)*는 물론 일본 문화를 배울 수 있는 것들을 챙겨 온다.

———

* 유카타(ゆかた, 浴衣)는 '유(浴)'='목욕'과 '카타(衣)'='옷'이 합쳐진 명칭이다. 목욕한 후나 간편한 평상복, 불꽃놀이를 할 때 주로 입는다.

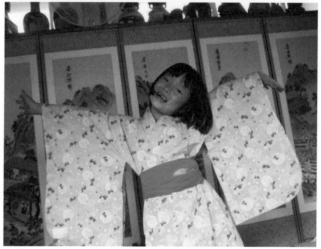

선생님은 한국 문화도 기꺼이 배우려 하고, 늘 앞장서서 알리고 싶어 한다. 한국을 오가면서 사 모은 물건들을 집 안에 따로 모아 장식을 해 두는 공간이 있다. 주변 사람들에게는 한국통으로 알려져 있다. 한국 문화를 잘 익혀서 한국 사람이 거의 다 됐다. 우리가 어떻게 하는지 눈여겨 관찰했다가 우리 생활 습관에 따라 행동한다. 우리와 음식점에 가면 서로 돈을 내려고 실랑이를 벌인다. 식사하다가 잠시 화장실 가시는 줄 알았는데, 음식 값을 미리 지불하고 오실 정도다. 물론 일본 친구들하고는 더치페이를 하신다.

오래전에 우리 엄마와도 김치를 한 번 만든 적이 있다. 또다시 김치를 만들고 싶다고 한다. 김치 만드는 일이 자신이 없어 우리 앞집에 사는 분께 부탁을 드렸다. 40여 년 동안 김치를 만들어 온 솜씨 좋은 분이다. 이렇게 김치에 관심이 많은 사람들 덕분에 나도 김치 담그는 법을 배우게 되었다. 처음에는 배추를 절이는 일부터 실패했다. 그러면서 김치 만드는 실력이 조금씩 나아졌다.

선생님의 친정 아버님은 입맛이 정확하다고 하는데, 엄마의 김치가 제일 맛있다고 한다. 선생님 가족들은 우리 엄마표 김치와 반찬을 좋아한다. 아무리 맛있다고 소문난 것을 사 가더라도 우리 엄마가 만든 김치 맛만 못하다고 한다. 그래서 내가 중국에 살 때도 선생님이 한국에 오실 때는 엄마표 김치를 가져가도록 했다. 지인들의 주소로 택배를 보내 전달되도록 난리를 피운 적도 있다. 요즘은 엄마가 연세도 높아서 힘이 드니까 내가 어떻게든 만들어본다. 쉬운 일이 아니다. 그런데 선생님이 이제 김치 달인이 되어 가고 있어 다행이다. 우리 집을 오가면서 김치 체험을 몇 번 한 실력이 이제는 남들에게 김치를 가르쳐 줄 정도가 되었다.

며칠 전에도 연락이 왔다. 15명의 퇴직 선생님들이 모여 함께 김치 만들기를 하려고 한단다. 미리 실습해 보러 왔다. 양념 맛을 정확히 낼 줄 안다. 김치를 만드는 날 엄마하고 일본에 가서 도와 드려야 하나 걱정했는데, 그럴 필요가 전혀 없었다. 나보다 더 양념의 간을 잘 맞춘다. 며칠 전에 또다시 연락이 왔다. 김치 체험을 해야 하는데, 고춧가루 새우젓, 멸치젓을 좀 보내 달라고 한다. "이제 선생님께서 직접 김치 체험 교실을 열어야겠어요!"라고 말씀드렸다. 체험하는 과정을 처음부터 하나하나 사진을 보내왔다. 마치 김장김치를 하는 듯 장관이 펼쳐졌다. 이제 김치를 만들어 보내는 걱정은 안 해도 된다.

선생님이 사는 고치현(高知県)은 일본의 시코구(四國)에 있다. 시코구에 있는 4개의 현 중 가장 넓다. 문학가, 예술가들이 많이 배출된 곳이다. 청정지역이기도 하고, 유명한 온천도 많다. 다카마쓰(高松) 공항과 마쓰야마(松山) 공항을 이용하면 비교적 가깝다. 친정 가족이 20여 년 전에 고치현에 있는 선생님 댁에 갈 때는 마쓰야마 공항을 이용했다. 지금은 고치현까지 가는 길이 좋아졌다고는 하지만, 그때는 마쓰야마 공항에 내려서 다시 4시간이나 차로 가야 했다. 산과 계곡이 끊임없이 펼쳐지는 시골까지 우리 식구 14명이 갔다. 선생님의 생활반경을 다 훑으면서 즐거운 추억을 만들고 왔다. 선생님과 함께 초등학교의 여름방학 축제에도 참여했다. 학생들과 학부모들이 방학 전에 모두 모여 일본 전통놀이를 하는 시간이 있었다. 일본의 사라져 가는 문화풍속을 배우기도 했다. 엄마는 학교 선생님들께 한국의 대표 음식 중 하나인 비빔밥도 만들어 드렸다. 서로 문화교류를 하며 즐거운 추억을 만들었다.

조카들이 어려서 아이들을 데리고 호빵맨(アンパンマン, 앙팡만) 박물관도 갔다. 온 동네가 호빵맨으로 재미있게 표현돼 있었다. 부모님을 위해서는 온천을 갔는데, 바다를 이용한 노천온천까지 할 수 있었다. 서울로 여행을 왔을 때 만났던 선생님 친구분들이 우리가 갔다고, 자신의 집에서 정성껏 만든 음식과 선물을 준비해 왔다. 우리는 많은 식구가 가는 바람에 일본 분들이 좋아할 만한 한국 김은 물론, 김치와 반찬들을 아주 많이 들고

갈 수 있었다. 주변 분들에게 선물로 드릴 수 있어 다행이었다.

선생님의 남편은 형제자매도 없이 혼자 외롭게 자랐고, 부모님도 일찍 돌아가셨다. 우리 조카들을 보고 귀여워서 어찌할 바를 몰라 했다. "대가족이 이런 것이구나!"라면서 마냥 좋아했다. 집 옆에 공터가 있었다. 특별한 날도 아니지만, 아이들이 좋아할 폭죽을 사 와서 폭죽을 터트리며 놀도록 해주었다. 식구가 많고, 어린아이도 많으니, 도움을 주어야 할 일이 얼마나 많은가? 그런데도 하룻밤이라도 더 묵었다 가라고 하시며 아쉬워했다.

고치현은 푸른 산과 바다로 둘러싸여 있어서 해산물이 풍부하다. 우리나라의 어묵을 덴푸라(天ぷら)라고도 하는데 아무리 오래 삶아도 살이 탱글탱글하고 씹히는 식감이 좋다. 다타키(た たき)는 생선 겉살을 그을려서 초밥도 만들고, 그냥 회로도 먹는다. 청정지역이라고 소문난 고치현에서 나온 음식들은 비교적 안심하고 먹는다. 드라이아이스 등으로 최대한 신선한 상태를 유지해 오려고 다타키도 싸 왔다. 덴푸라도 늘 싸 온다. 교회 식구 50인분의 일본식 주먹밥인 오니기리(おにぎり)와 덴푸라 식사를 직접 준비해주기도 했다.

선생님은 주변 동료 선생님들과 이웃 친구들, 그리고 학부모와 학생들을 함께 데리고 와서 우리 집에 묵게 한다. 일본 분들에게 한국을 알리고 한국 문화를 체험하게 할 뿐 아니라, 우리가 안 굶고 살도록 다방면으로 애를 써 주었다. 우리 조카가 결혼할 때는 대구까지 오셔서 양가 친척들을 모두 놀라게 했다. 아버지가 돌아가셨을 때 못 왔는데, 생전에 한 번 더 못 뵌 것을 두고두고 아쉬워한다. 아버지도 일본어를 조금 하실 줄 아니까 선생님과 이야기하기를 좋아했다. 조카의 아들 출산 축하와 아버지 산소에 꽃을 사 가라고 금일봉을 챙겨 준다.

선생님은 아들도 둘이 있는데 이제는 결혼할 때가 되었다. 아주 어릴 때부터 서로 오가면서 만나 와서 아들들의 근황도 자세히 알고 있다. 이제는 아들의 결혼과 직장 문제까지 함께 걱정하기도 한다. 두 아들이 직장도 잡았고, 결혼시키는 일만 남았다. 얼마 전 선생님이 퇴직했으니 비교적 자유로워졌다. 한국을 좋아하고, 한국어를 배우고 싶어 하는 선생님에게 아예 한국에서 살자고 제안해본다. 어떻게 될지는 알 수 없지만, 모두가 노후를 잘 살 수 있는 준비도 슬슬 해 가야겠다.

성탄절에 선물을 받는 일은 어른과 아이 모두에게 신나는 일이다. 일본 고치현에서 온 성탄 선물이 성탄 전날에 딱 맞추어 배달이 왔다. 이 사실을 알면, 보내 주신 선생님이 더 좋아하실 듯하다. 때로는 성탄과 연말연시에 물량이 밀려 배달이 늦은 적이 있었다. 일본에서 오는 성탄 선물은 우리 조카들이 초등학생일 때부터 시작되어 온 일이다. 일본인답게 한 해도 빠지지 않고 보내왔다. 일본은 성탄절을 기념일로 생각지 않아 쉬지도 않는다. 그런데 선생님은 성탄절을 기억하고 선물을 보내온다. 거의 20년은 다 되어 가는 연중 선물 받기 행사다.

조카들이 시집을 가서 아기를 낳고, 유진이가 다 컸는데도 여전히 선물을 보내온다. 우리 엄마한테도 선생님의 엄마가 선물을 보내 왔다. 온 집안사람들을 일일이 챙기면서 성탄 선물로 행복을 안겨준다. 고치현 관광 컨벤션 협회 'Visit Kochi Japan'에서 발행한 한국어로 쓰인 관광 안내문을 발견했다고 한다. 한국어를 보니 반가웠다며 광고물까지 잔뜩 보내 주셨다. 빨리 오라는 뜻이리라. 엄마하고 유진이하고 선생님께 놀러 간다고 약속했었다. 그런데 또 해를 넘기고 있다.

인생의 여정을 걸어가는 데 좋은 위로자를 얻어 든든하다. 살면서 이렇게 신뢰해주는 사람이 많지가 않은데, 저절로 힘이 난다. 이제는 여행 계획을 안 잡고 그냥 와서 우리 집에서 일정을 짠다. 일본 사람들은 보통 야무진 계획표를 들고 여행을 온다. 계획에 어긋나면 다음 계획에도 차질이 생기니까 한 번 정한 것은 그대로 지키는 편이다. 한국인들은 그때그때 상황에 따라 융

통성 있게 일정을 바꾸기도 한다. 그러나 일본인들은 다른 사람에게 피해를 주지 않으려고 일정을 함부로 변동하지 않는다. 그렇지만 선생님은 내가 추천하는 일정은 언제든 무엇이든 받아들인다. 우리가 그동안 쌓아온 정은 한국어로든 일본어로든 어떻게 설명할 수가 없다.

유진이가 요즘 학교에서 조금 배운 일본어로 글을 쓰고, 그림을 그린다. 새해 인사 카드를 만들었다. 우선 먼저 인사를 드려야지.

♡明けましておめでとうございます. 새해 복 많이 받으세요.♡

자칭 유진하우스
홍보대사 터키 모녀

터키에서 온 손님은 우리에게 은혜를 베푼 나라에서 왔기에 더 반갑다. 터키 모녀는 이스탄불에서 왔다. 따님(Ceren Aydal Yücel)은 건축디자이너라고 한다. 터키는 6 · 25전쟁 때 우리나라에 파병했던 나라 중에 하나로 우리나라와는 가까운 사이다. 서로가 형제 나라라고 이야기해 오면서 좋은 관계를 유지해 가고 있다. 터키에서 왔으니 혹시나 해서 가족 중에서 한국전쟁에 참전한 분이 있었냐고 여쭈었다. 아니나 다를까 삼촌 한 분이 참전했다고 한다.

터키 모녀는 제주도, 부산, 경주를 다녀왔고, 이곳저곳을 여유 있게 여행한다. 유진하우스에도 일주일 이상을 머물면서 서울의 명소를 샅샅이 찾아다닌다. 어머니는 한국 드라마를 좋아하고, 한국 배우들을 좋아한다고 한다. 이번 여행은 어머니를 위한 여행인 셈이다. 이서진, 배용준, 하지원 등 한국 드라마와 한국 배우 이야기를 할 때는 신이 난다. 한국말도 인터넷에서 배웠다고 한다. 그래서 웬만한 말은 한국어로 한다. 새삼 한류의 영향력을 느끼게 된다.

감사하게도 유진하우스를 Kore ve Biz에 광고해주었다. 간단한 후기를 쓰는 일도 쉽지가 않다. 아무리 친한 손님이어도 후기를 남겨달라고 이야기해본 적은 없다. 그렇지만, 내가 해준 것 이상으로 정성껏 후기를 남겨 주신 분들도 아주 많다. 두고두고 감사하게 여기며 살고 있고, 그 후기에 맞는 그런 집이 되도록 애를 쓴다. 그런데 유진하우스에 손님이 많이 오도록 광고를 해주는 일이 쉬운 일인가? 보통 마음으로는 선뜻 해 줄 수 없는 일이다. 자신들에게는 좋게 여겨져서 광고했지만, 사람마다 보는 관점이 제각각이다. 다른 사람에겐 좋지 않게 보일 수도 있는 것이다.

이런저런 이유로 남을 위해 광고를 해주기가 쉽지 않은데, 사진을 무려 23장이나 올렸다. 그때의 모습을 들여다보니 대만에서 왔던 손님과 그녀의 어머니, 그리고 우리 가족이 함께 사진을 찍었다. 또 어느 나라에서 왔는지 기억이 잘 안 나는 할아버지 손님도 계신다. 유치원에서 전통예절체험을 하러 와서 아이들이 한복을 곱게 차려입고 있다. 우리 집 상황을 잘 관찰하면서 사진으로 역사를 남겨 두었다. 한국 여행을 한 후 한국을 알리는 한국 전도사가 되어 유진하우스와 한옥, 한국을 여러 모양으로 소개해주고 있으니 얼마나 고마운가?

  땡큐다. 이렇게 많은 것을 내가 베풀었었나? 모든 것을 다 좋게만 써 주었다. 당연히 손님에게 해주어야 할 것들을 해주었을 뿐이다. 작은 것 하나하나를 감사히 여겨주니 몸 둘 바를 모르겠다. 무어라 감사의 말을 전해야 할지…. 이런 사람들 덕분에 지금까지 유진하우스를 계속 운영해오고 있는 것 같다. 손님들이 직접 유진하우스를 앞으로 밀어준 덕분이다. 페이스북, 인스타그램에 유진하우스 소식을 알리면, 두 모녀가 얼른 와서 '좋아요'를 눌러준다.

'Made in Korea'를
외치는 러시아인

사진만 남기고, 발 도장만 찍는 여행이 되고 싶진 않다. 한곳에 지긋이 머물면서 현지 사람들이 살아가는 생활을 엿보는 것을 좋아한다. 디미트리(Dimitri) 씨는 러시아 하바롭스크(Khabarovsk)에서 왔다. 2주 동안 유진하우스에 머물며 우리 가정과 우리 동네, 한국 사회를 열심히 관찰한다. 한국·일본·중국의 정치문제와 사회문제도 잘 분석한다. 일본, 한국 영화도 몇 개만을 선별해서 거의 외울 정도로 여러 번 봤다고 한다. 두 나라의 실생활을 깊이 있게 이해한다. 한국의 과거 생활사, 현재의 모습들도 한국 영화, 그것도 옛 고전 영화를 통해 많이 알게 됐다고. 그만큼 한국의 전통이나 풍습을 잘 안다. 한국말과 한국 음식에 대해서도 미리 공부하고 왔다.

우리나라 재벌에 대해서도 잘 알고 있다. 재벌이라는 단어를 외워서 대화 중에 유머를 하며 적절히 사용할 정도다. 미리 공부해온 음식을 하나하나 찾아 먹는다. 세밀하게 맛을 비교 분석한다. 뭐 하나라도 확실하게 해야 하는 약간의 편집증이 있나? 싶을 정도로 세밀한 사람이었다.

디미트리 씨는 1년 중에 10달은 열심히 일하고, 2달은 세계 곳곳을 누비며 여행을 다닌다. 엔지니어이다 보니 일할 때는 너무 집중해서 스트레스가 많다. 여행하며 스트레스를 풀고, 다시 충전한다. 교회도 함께 갔다. 러시아에서도 교회에 가끔 간다고 한다. 러시아 정교회에 관해서도 내게 이야기를 들려주었다. 서로 한국과 러시아 교회 문화를 비교도 해 보았다. 같은 취향과 관심사가 자석처럼 친밀한 관계를 형성해준다.

아침에 서울 성곽에 산책하러 자주 간다. 자주 다니다 보니 내가 바쁠 때는 나 대신에 손님을 성곽으로 안내하는 가이드 역할도 해주었다. 아무래도 혼자 여행이라 밥 먹는 일이 쉽지 않을 듯해서 우리가 밥을 먹을 때 숟가락을 하나 더 얹어 밥도 자주 같이 먹었다. 밥을 먹으면서 러시아어도 배우고 서로의 생활을 자세히 나누기도 했다. 생일에는 미역국 먹는 문화를 알고 있다. 마침 생일이라 미역국을 끓여주었더니, 아주 좋아했다. 종종 혼자 집에 남아 시간을 보내기도 했다. 그럴 때는 주인이 되어 우리 집을 좀 지켜 달라고 부탁을 하고 잠시 외출을 할 수도 있었다. 손님이 동네에서 우리 집을 찾느라 헤매고 있으면 우리 집으로 안내해서 데려오기도 하면서 주인 노릇을 해주었다. 내 수고를 많이 덜어 주면서 가족처럼 지냈다.

햇볕 좋은 날 마당에 빨래를 널어 말리면 천연 소독이 된다. 잘 마른빨래의 뽀송뽀송한 느낌이 좋다. 하얀 빨래를 마당에서 널어 말린 날은 집이 환하다. 햇볕에 반사되어 집이 더 환해진 다. 여름날 장맛비가 오다가 하루 햇볕이 나거나, 겨우내 햇살 이 그리 길지 않을 때는 햇살은 아주 반가운 손님이다. 햇살이 아까워서 무엇이라도 마당에 내어놓고 말린다. 일광욕을 즐기 는 사람들이 이해가 간다. 나 자신도 말리고, 집안 물건도 이것 저것 다 꺼내어 말리곤 한다.

처음에는 손님이 오는데 마당에 빨래를 널어놓는 것이 눈에 거슬리는 듯해서 조금 신경이 쓰였다. 최대한 손님들의 눈길 을 피하려고 애를 쓰기도 했다. 뒷마당이 있으면 사람들 눈에 잘 안 띄니 널 수 있겠지만, 사정이 그렇지 못하니 아쉬워도 할 수 없다. 지금 있는 마당이라도 감지덕지해야 할 형편이다. 사 람 사는 건 다 같으니 이해가 될 듯해서 마당 한쪽에 빨래걸이 를 펼친다. 아침 햇살이 비치자마자 빨래를 얼른 내다 넌다. 그러면 손님들도 장기간 여행할 때는 자기들도 빨래를 해서 함께 마당에 넌다. 직접 햇볕에 빨래를 말리는 맛을 안다. 햇살에 빨래를 널어 말리는 것을 즐기는 사람도 있다. 실내에서 간접적으로 창을 통해 들어오는 햇살에 말리거나 건조기를 사용하다 보니 직접 햇살을 받아 말리는 것이 좋아 보였나 보다.

세탁기에서 빨래를 꺼내어 주름을 펴려고 탁탁 털고 있었다. "조선 시대 모습을 보는 것 같아요"라고 디미트리 씨가 말했다. 깜짝 놀라서 "조선 시대를 어떻게 알아요?"하고 물었다. 마당에서 흰옷을 입은 여인이 흰 빨래를 널고 있는 장면을 영화에서 보았다고 한다. 한국의 전통과 역사 관련 영화들을 많이 보았기 때문에 잘 알고 있었다. 우리의 생활문화를 모르는 게 없을 정도다. 하루는 시장통에 모여 앉아 담배를 피우면서 바둑을 두는 할아버지들 모습을 사진에 담아 온다. 이런 모습이 진짜 한국이라고 한다. 우리도 찾기 힘든 모습인데, 어디 가서 찾아오는지 놀랍다.

한국 물건이 좋다던 그는 신발, 외투, 장갑 등 필요한 물건을
사려고 한다. 꼭 한국 제품(Made in Korea)만 사겠다고 고집한다.
조금 비싸도 괜찮다고 한다. 물건을 사더라도 신중하게 고른다.
물건을 보는 눈이 아주 높고, 정확하다. 내가 미리 인터넷에서
시장 조사를 해서 대충 알려 주면 꼼꼼히 살펴본다. 여러 가지
를 비교해서 가장 좋은 것으로 골라 온다. 유진하우스에서 사용
하는 베개가 마음에 든다고 한다. 집으로 돌아가서도 사용하고
싶다고, 어디서 샀는지를 묻는다. 집 주변에 있는 이불 가게에
가더니 말이 안 통하는데도 똑같은 걸로 사 온다.

2주 동안 서로의 모습을 너무 많이 보여주며 살았다. 한 식구처럼 지내서 헤어질 때는 엄청 섭섭한 마음이 들었다. 한참 어리지만, 나에게 이웃 나라의 사회문제, 러시아의 역사와 인생사 등 여러 가지 공부도 시켜 주었다. 러시아어 발음이 재미있게 느껴져서 나도 러시아어를 좀 알려 달라고 했더니, 몇 마디를 가르쳐 주기도 했다. 한동안 영화를 누렸던 러시아의 과거를 회상하면서 러시아가 그때의 정신을 다 잃어버려서 안타깝다고 한다. 그 자존심만은 잃지 않고 싶은 듯하다. 러시아 사람들에 대한 한국 사람들의 이해가 다른 부분이 있다고 지적해준다. 요즘 한국에 러시아 사람들이 많이 와 있기는 하지만, 다 돈을 벌려고 온 것은 아니라고 한다. 모두가 그런 취급을 받아서 기분이 나쁜 여행객들도 많다고 귀띔을 해준다.

디미트리 씨는 떠나는 것을 무척 아쉬워했다. 나는 그에게 러시아에 돌아가서 가족이나 이웃에게 나누어 주라고 선물을 줬다. 한국에서는 흔하지만, 그곳에서는 귀하게 여겨질 것들을 준비했다. 주변에서 내게 준 화장품 샘플도 많아서 한 꾸러미 넣었다. 가족 생일 때에 미역국을 끓여 먹으라고 미역도 좀 싼다.

"남자는 말을 많이 하지 않는다"라는 말을 마지막으로 남긴다. 들고 갈 짐이 한 짐이다. 디미트리 씨가 고개를 숙여 신발 끈을 단단히 잡아맨다. 그러곤 또다시 꼭 오겠다고 한다.

'My Hanok, Paradise!'
한옥의 매력 속으로

"My Hanok, Paradise!"

영화의 한 장면처럼 외침이 울려 퍼진다. 마당을 들어서는 순간부터 모든 언어가 감탄사다. "Paradise?" 그 말을 듣는 순간 깜짝 놀라서 순간 무슨 뜻인가 했다. 우리 집을 천국이라 불러주다니! 최고의 찬사를 아끼지 않는 분이 왔다. 미국에서 온 도리스(Doris) 씨다. 감정표현을 최대한 말로 표현하는 사람이다. 한옥의 가치를 이렇게 높이 평가해주는 외국인이 있다는 사실에 놀라울 뿐이다. 호텔은 높은 건물에 벽과 유리뿐이고, 특별할 것이 없다. 그런데 조용하고, 안정된 곳에 한옥이 있으니 너무 좋다고 한다.

아침에 일어나서 "Lovely house!"를 외치며 방안에서 밖을 내다본다. 마당에 살짝 내리비친 햇살이 너무 아름답게 보인다고 한다. 처마 끝 용머리가 흰 벽에 시간을 달리하며 그림을 그린다. 태양이 집을 비추는 각도가 시간마다 다르다. 마당과 벽면을 비추는데 자리를 옮겨 가며 밝기가 다르다. 사진에 담기는 모습이 늘 새롭다. 마당으로 나오더니 연신 사진을 또 찍어댄다.

현대인들 대부분은 차가운 콘크리트 건물에서 산다. 요즘은 흙과 나무로 지어진 집에서 사는 것을 꿈꾸는 사람들이 많아지고 있다. 한옥은 흙과 나무로 지어졌다. 전통건축의 아름다움을 고스란히 간직하고 있다. 우리 조상의 삶이 그대로 녹아 있는 한옥은 많은 사람이 꿈꾸는 이상적인 집이다. 한옥은 그만큼 매력 있는 곳이다. 집안에서 창밖을 내다보면 각기 다른 풍경이 펼쳐진다. 건넌방에서 밖을 내다보면 목련 나무가 보인다. 하얀 목련꽃은 검은 기와지붕과 어울려 더 환한 모습으로 봄을 알려준다. 안과 밖이 언제나 통하므로 공기와 햇살을 직접 받을 수 있다. 자연이 그대로 한옥에 담겨 있으니 언제나 자연과 함께 숨 쉬고 살아간다.

한밤중 도리스 씨가 방문을 열어 두었다. 방문을 왜 열어 두냐고 물었더니 풀벌레 소리를 직접 듣기 위해서란다. 그만큼 감수성이 풍부하다. 풀벌레 소리가 좋다고 귀를 기울이고, 풀벌레들 노랫소리 속으로 빠져든다. 마당에서 우는 풀벌레 소리, 아침마다 피워내는 나팔꽃과 호박꽃, 기와에 부딪히는 빗방울 소리, 처마에 모인 물이 타고 내리는 소리, 밤에는 별과 달을 바라보는 즐거움이 있다. 한옥에 머무는 시간이 힐링 타임이다. 전통문화의 가치를 외국인들도 금방 느낀다.

며칠 동안 우리 집 방과 마당에는 도리스 씨의 감탄사로 가득 찼다. "Love it." "좋다"를 넘어서 "완전 사랑한다"라고 말한다. 그리고 "Awesome! 정말 끝내준다!" "Amazing! 놀라워서 짱이야!"로 자신의 감정을 최대한 표현한다. "Oh, Oh, dear!, Oh, my!, Good Heavens!, My God! 감탄사의 여왕이다. 감정이 줄줄 넘쳐흘러 나온 표현들이다. 감탄할 상황이어서 꼭 감동하는 건 아닌 것 같다. 작은 것 하나에서도 쉽게 감동을 하고, 받은 감동 그대로를 표현한다. 그런 사람이 많지는 않으니 특별해 보인다. 좋은 감정을 아름답게 표현하면 본인도 좋을 뿐 아니라, 주변 사람들에게도 기쁨을 준다. 사물을 보고 표현하는 방법은 사람에 따라 다르다. 도리스 씨는 사소한 것에 감동하고 기뻐할 줄 알며, 자신에게 주어지는 인생의 선물을 누리고 사는 사람이다. 감동을 잃고 사는 우리에게 강한 메시지를 주려는 듯 한옥에 와서 감탄사를 연발한다.

도리스 씨는 한국 음식을 너무 좋아해서 간장, 된장 만드는 법도 가르쳐 달라고 한다. 김치도 만들고 싶다고 한다.

도리스 씨는 외출도 잘 안 한다. 가끔 외출했다가 집에 돌아오면 이제야 숨을 쉴 수 있게 되었다며 나를 부른다. 친구들이 인사동, 롯데백화점, 서울역에 있는 쇼핑몰을 구경시켜 준다고 해서 다녀왔는데, 자기는 빨리 집으로 돌아오고 싶었다고 한다.

사람들이 많고, 너무 시끄러워서 정신이 없었다고 한다. 그녀에 겐 딸이 3명이나 있다. 첫째 딸은 중국계인데, 입양했다고 한다. 큰딸을 이번에 데려오고 싶었지만, 그러지 못해 아쉽다고 겨울 크리스마스 때쯤 꼭 다시 오겠다고 한다. 아무래도 큰딸이 동양계이니 한국에 오면 좋겠다고 생각했나 보다.

도리스 씨가 사는 집도 1927년에 지어졌다고 한다. 마침 한국에 와 있는 동안 샌프란시스코 지역에 지진이 있었지만, 자신의 집은 별문제가 없었다고 한다. 참 다행이다. 아무래도 감성이 너무 발달한 분이다. 현재 사는 집과 주변 환경이 그런 풍부한 감성을 키우게 한 원동력이 된 것 같다. 다음에 꼭 자기 집에도 놀러 오라고 한다. 우리 집보다 더 오래된 된 그녀의 집을 꼭 한번 구경해 보고 싶어진다.

You're the best, Youngyeon! Thank you so much for the pictures! I am so enjoying my stay at your beautiful hanok home!

- Doris

피비네 가족은 못 말려

피비(Phoebe)네 가족은 싱가포르에서 왔다. 여행을 오기 전에 한국 예의범절을 많이 배웠다고 한다. 어른들에게는 공손히 인사를 한다. 한국에 대해서 배운 것들을 잘 활용한다. 세 자녀 모두가 한국 태권도 도장에서 태권도를 배우고 있다. 아이스크림은 붕어싸만코를 주로 사 먹으며, 물은 꼭 삼다수를 찾아 마신다. 가족 모두 한국 문화에 흠뻑 빠져 산다. 한국 드라마를 많이 봐서 한국말도 조금 할 줄 안다. "아줌마" "감사합니다" 등을 적절하게 잘 사용한다. 사진을 찍을 때도 "하나, 둘, 셋"을 외친다. 두 아들은 생마늘도 아무렇지 않게 먹는다. 막내가 딸 피비인데, 위로 두 명의 오빠가 있다.

피비는 유진이랑 나이가 같은데, 생일이 6개월 빠르다. 발레를 배운다고 하는데 키도 크고, 훨씬 성숙해 보인다. 피비는 그동안 배웠던 한국어를 우리 집에 와서 연습하면서 적절히 잘 사용한다. 단어 하나하나를 적어가면서 한국어 배우기에도 열심이다. 유진이가 단어들을 하나씩 가르쳐 주었다. 큰오빠, 작은오빠, 막내 등 가족 관계부터 가르쳐 준다. 한국어 공부를 도와주다 보니 금방 친해졌다. 피비는 누구에게나 붙임성이 좋다. 울산여고 동창 친구도 자녀들을 데리고 왔는데 이 재미있는 가족과 함께 휴가를 즐겁게 보낸다.

피비 엄마 수잔(Susan)은 헝가리 사람이다. 한국인의 정서를 가진 듯 정이 많다. 호주에서 태어나서 자랐다. 지금은 회사에 다니는 남편 때문에 싱가포르에 살고 있다. 세 아이를 자유롭게 키웠다. 그러나 한국 아이들보다 더 예절을 지키려고 했다. 우리 집에서 지내는 동안 누가 객이고, 주인인지 모를 정도로 서로 편하게 지냈다. 피비네 가족 5명은 우리 가족과 함께 대학로에 간다. 우르르 몰려가서 맛난 음식도 같이 먹고 쇼핑도 했다. 길가에 함께 서 있으니 한국 사람인지, 외국 사람인지 모를 정도다. 이렇게 한국인들 틈에서 자연스럽게 한국인들의 생활을 함께 누린다. 서로 마음이 딱 맞는 손님이 오면, 가보고 싶어 하는 곳에 같이 따라간다. 자기들끼리 가는 것이 못 미더워서 그렇기도 하지만, 우리도 즐거워서 기꺼이 동행을 한다.

멋쟁이 피비가 한복을 사고 싶어 한다. 유진이도 피비하고 같이 시간을 더 보내고 싶어 따라갔다. 사실 피비는 급하게 한복을 하나 샀는데, 본인이 원하는 것이 아니라고 한다. 다시 마음에 꼭 드는 것을 사고 싶어 해서 종로 3가에 있는 모란 한복집에 갔다. 여든이 넘은 할머니가 운영하는 오래된 한복집이다. 작은 가게 벽에는 전통한복, 퓨전 한복, 무대복 등 다양한 옷들이 빼곡히 걸려 있다. 주로 맞춤 제작 주문을 하는 곳이다. 피비는 한국에 오기 전에 어떤 종류의 옷을 입고 싶은지 미리 다 조사를 하고 왔다. 금박이 박힌 당의를 입고 싶다고 한다. 한복을 보는 색상 감각도 뛰어나고, 안목이 좋다. 눈은 또 얼마나 높은지 한복집 할머니도 놀라신다. 피비의 얼굴이 환해졌다. 피비 엄마도 예쁜 한복을 한 벌 장만했다. 특별한 날에 입겠다고 한다.

집에서 가까운 길상사에 함께 갔다. 서울 시내에 이런 곳이 있냐고 모두 놀란다. 법정 스님의 무소유에 대한 이야기를 나눈다. 조용한 산사를 한 바퀴 돌고 내려온다. 마침 점심시간이라 점심을 먹기 위해 사람들이 길게 늘어 서 있다.

"우리도 절에서 주는 밥, 점심 공양인 절밥을 먹어 볼까요?"

무엇이든 호기심 많은 가족이라 마다할 리가 없다. 저절로 "점심 공양 체험 시간"이 됐다. 우리도 줄을 서서 차례를 기다렸다. 메뉴는 국하고 비빔밥이다. 다른 반찬이 필요치 않다. 밥을 남기면 안 되므로 꼭 먹을 만큼만 받자고 미리 알려 주었다.

"적당량의 고추장을 넣어야 해요. 너무 많이 넣으면 맵고 짜요."

나물들이 골고루 밥에 비벼지도록 젓가락을 가지고 설렁설렁 비비는 시범을 보였다. 하나도 남김없이 깨끗이 다 먹었다. 발우공양 체험을 한 셈이라고 말했더니 발우공양이 뭐냐고 또 묻는다. "스님들은 한자리에 모여서 식사를 한다. 나무로 만든 밥그릇에 자기가 먹을 만큼의 음식만 담아 남김없이 먹는 것"을 말한다. "밥을 다 먹고, 그릇에 물을 붓는다. 그 물로 그릇에 남긴 찌꺼기를 깨끗하게 씻어 마신다. 그러면 다시 그릇을 씻을 필요가 없다"는 이야기도 해주었다.

재료를 재배하는 것부터 요리와 식사를 한 후 뒷마무리까지가 수행이다. 한 끼의 식사로도 우리 몸과 마음을 살폈다. 정신까지 맑아지는 음식을 먹어야 한다. 사찰 음식이 유행이다. 맛이 깔끔하고 담백하다. 건강을 생각하는 사람들이 직접 사찰 음식을 만들어 먹는다. 우리 입에 맛있는 음식이 아니라, 우리 몸에 도움이 되는 바른 음식을 먹는 습관이 중요하다.

밥값은 어떻게 지불하냐고 피비네의 질문에 "이 시간에 오면 누구든 공짜로 밥을 먹을 수 있다"고 말해줬더니 깜짝 놀란다. 손님들 덕분에 공양까지 먹은 날이다. 손님들이 꼭 봐야 할 곳을 함께 다니면서 우리도 새로운 체험을 한다. 때로는 우리가 가보지 못한 새로운 곳에도 손님들 덕분에 가기도 한다. 덤으로 여행을 하는 셈이다.

유진이랑 피비는 말이 안 통해도 어느새 친해져서 어젯밤에는 둘이서 같이 잠을 잤다. 서로 가진 것을 선물로 주고 싶어 난리를 쳤다. 내가 입은 긴치마가 예뻐 보인다고 수잔이 말한다. 편하게 입는 평상복인데 수잔의 눈에 예사롭지 않게 보였나 보다. 이 치마가 없어도 다른 치마나 옷을 입으면 되니 수잔이 원하면 주겠다고 했다. 키가 큰 수잔이 나보다는 긴 치마가 더 어울릴 듯해서 입었던 것을 그대로 벗어 주었다. 며칠만 함께 지냈는데도 서로에게 무엇이든 주고 싶은 사이가 돼버렸다. 피비가 미리 사놓은 한복을 유진이에게 선물로 준다.

피비네 가족은 떠나기 전날, 유진이가 좋아하는 근사한 음식점에 우리 가족을 초대해주었다. 유진이까지 합하니 아이들이 모두 네 명이다. 한 가족 같다. 서로에게 어떤 음식을 먹을 거냐고 물어본다. 좋아하는 음식이 다 제각각이다. 같이 모아놓으니 맛난 음식을 골고루 맛볼 수 있다. 이별의 정을 나눌 때는 맛난 음식으로 위로를 나누는 것이 좋다. 먹는 순간이 즐거워서 잠시라도 헤어짐을 잊게 되니까….

일주일을 이곳에서 지냈지만, 한국 여행 기간이 짧다. 다음에는 일정을 길게 잡아서 오겠다고 한다. 다시 만날 계획을 세우며 아쉬움을 달랬다. 다음에 올 때는 한국어 공부를 더 많이 해오겠다고 했다. 고마운 욕심이다. 싱가포르에는 언제 놀러 오느

냐고 피비가 묻는다. 그래 당장이라도 같이 따라가고 싶지. 한
동안 서로를 한참 동안 떠올리며 살 것 같다.

유진이는 이렇게 수많은 이별을 해왔다. 이별에 면역이 생겨
조금 익숙할 때가 되었건만, 이별 앞에서는 늘 처음처럼 서툴
다. 만남의 기쁨과 헤어짐의 슬픔 사이를 오가며 짧고 긴 여행
을 하고 산다. 서로 이별의 포옹을 한다. 둘의 눈가에는 이슬이
살짝 고여 있다. 슬픔의 얼굴을 보이기 싫어서 얼른 얼굴을 돌
린다. 그래 이제 가야지! 잘 가!

입이 짧은 쿠미코 씨

"다녀오겠습니다." 인사를 하고 마당을 나가는 사람은 한국 사람이 아니다.

일본에서 오신 유치원 선생님 쿠미코(くみこ) 씨다. 한국말을 잘한다. "잠깐만요~~." 그리 바쁜 일로 나가는 것 같지 않아서 내가 불러 세웠다. 뭔가 차림새가 예사롭지 않다. 개량한복을 곱게 차려입었다. 손에 들린 가방에 쓰인 글도 재미가 있다. "책 本 CHEKCCORI" "책"이라고 한글이 있고, "本(ほん, 혼)"은 일본어로 책이다. 그런데 "C H E C C O R I"는 무엇이지? 아, 책거리로구나! 겨우 알아차렸다. 쿠미코 씨는 책거리가 뭔지 묻는다. 공부하다가 수업이 다 끝날 때 벌이는 잔치라고 알려준다. 이런 재미있는 단어를 가방에 썼다니 발상이 귀엽다. 한국 서점에서 샀다고 한다.

예쁜 개량한복을 입었으니 뒤로도 한번 돌아보라고 권한다. 마당 한가운데서 펼쳐지는 패션쇼다. 아이처럼 말도 잘 듣는다. 중국의 전통의상 치파오 모양을 한 귀여운 손가방도 들고 있다. 일본에서 샀다고 한다. 몸과 손에 걸친 것들이 모두 이웃 나라의 문화 상품들이다. 기념으로 사진을 한 컷 찍어 두어야지!

쿠미코 씨는 한국어 공부를 하러 오겠다고 하더니, 3월에 와서 한 달을 우리 집에서 머물며 한국어 공부를 했다. 오기 전부터 여러 가지 걱정을 많이 해서, 종로에 있는 어학원에 함께 가서 등록을 도와주었다. 시내버스를 타는 방법도 알려 주고 안심시켰다. 쿠미코 씨는 유진이와 한국어 공부도 같이하고, 밥도 같이 먹는 시간이 잦아지니 자연히 친해졌다.

일본으로 돌아갈 때는 자기가 아끼던 목걸이도 유진이에게

선물로 주고 갔다. 매운 음식도 잘 못 먹고, 향이 강한 차도 잘 안 마신다. 유자차는 동서양을 막론하고 대부분의 사람들이 좋아하는데 유자차도 못 마신다고 한다. 보통 편식이 심하고, 식사량이 적은 사람을 입이 짧다고 표현한다. "쿠미코 씨는 입이 짧네요"라고 말해주었다. 입맛이 까다롭다고도 표현한다고 했더니, 재미있는 표현이라고 하면서 외운다. 쿠미코 씨는 비록 입은 짧지만, 성격은 모나지 않게 잘 살아왔다. 일본어에도 '味にうるさい(아지니우루사이)'가 있다. 味(아지, 맛)에 대해 うるさい(우루사이, 시끄럽다)라는 말로 표현하는 느낌이 비슷하다.

"어머니~~~!"

나를 꼭 어머니라고 부른다. 아마도 어머니라고 부르는 것이 예의 있다고 배웠나 보다.

쿠미코: "유진이에게 지난번에 주고 간 목걸이를 담는 통을 사 왔어요. 어머니하고 아버지께 드릴 선물도 가지고 왔어요."

나: "일본 전통 문양에 천도 특별하네요?"

쿠미코: "선물을 사러 교토에 다녀왔어요."

나: "교토까지요?

도쿄에 사는 쿠미코 씨가 교토까지 선물을 사러 간 줄 알고 깜짝 놀라 물었더니, 오사카에 혼자 계시는 아버지가 걱정돼서 오사카에서 당분간 살고 있다고 한다. 쿠미코 씨의 아버지는 얼마 전에 조금 다치셨는데, 도쿄에 있는 막내딸 쿠미코 씨에게 화상통화를 하며 엄살을 떨었다고 한다. 멀리 있어서 아무것도 도와 드릴 수도 없는데, 자기한테 전화를 할 정도면 구급차를 부르는 것이 낫지 않냐고 하면서 웃는다. 몇 년 전에 어머니가 돌아가시고 아버지 혼자 산다고 한다. 언니가 더 가까이 있는데도 쿠미코 씨를 찾는다고. 아버지가 언니보다 자신을 더 의지하는 것 같단다.

　쿠미코 씨는 최근 아버지가 걱정되어 직장을 잠시 쉬고, 아버지와 함께 지내고 있다. 그동안 있었던 이야기들을 풀어놓는다. 아버지, 언니, 조카와 체코를 다녀왔다고 해서 여행 경비는 누가 냈냐고 물었더니, 아버지가 체코를 오가는 경비를 부담해주셨다고 한다. 아버지가 가자고 이야기를 꺼냈기 때문에 그랬다고 하면서 좋아한다.

　일본에서는 자기 비용은 자기가 부담하는 것이 보편적이다. 가족 간에도 그러한지 물어보았더니, 그렇다고 한다. 이번에는 아버지가 여행 경비를 내주셨으니, 아직은 아버지가 경제력이 있어 다행이다. 여행을 간 김에 조카와 함께 이탈리아를 다녀왔는데, 여행 경비는 자기 돈으로 냈단다. 가방에 지퍼가 없어서 휴대폰을 잃어버려 당황했다고 한다. 다행히 보험 처리를 받아서 똑같은 제품으로 보상받았다고 해서 안심했다. 쿠미코 씨가 처음 우리 집에 왔을 때는 잘 웃지도 않았다. 이번에는 할 이야기도 많고 웃음도 헤퍼진 듯하다.

쿠미코 씨가 개량한복을 샀다. 이번에 함께 온 일본인 친구와 나란히 한복을 실내복으로 입었다. 친구에게 직접 한국 문화와 한국어 공부를 가르친다. 한국어를 잊어버리지 않으려고 애를 쓴다. 한국어를 할 수 있으니 한국에 오는 것이 늘 즐겁다고 한다. 친구와 함께 한복을 입고 사진을 찍었다. "오른손을 왼손에 포개고, 오른쪽 무릎을 세우고 다소곳하게 앉아 보세요." 한복 입는 예절도 가르쳐 주었더니, 공주가 된 것 같다며 신이 났다.

　부산, 경주, 대구, 안동을 돌아왔는데, 한국 구석구석을 구경
한 특별한 경험이라 좋았다고 한다. 한국어에 대한 자신감도 더
늘었다. 서울에서는 이틀밖에 머물지 않는데, 아직도 더 가보고
싶은 곳이 많이 남았다고 한다. 어찌하나? 또 오면 되지!

　이제는 전국을 알아서 누비고 다닌다. 지난여름 우리가 포항
에 가 있는 사이 [대구-서울-전주] 코스 일정을 잡아 왔다. 서
울로 오는 이유는 우리를 만나기 위해서라고 한다. 비싼 KTX를
타고 서울까지 와서 다시 전주로 가기로 했단다. 미안해서 어찌
하노? 우리 가족에게 선물을 주고 가고 싶고, 남대문에도 가야
해서 서울에 왔다고 한다. 남대문에 가는 볼일도 있었다고 하니

다행이다.

하필 유진이 아빠만 집에 있는데 하루를 머무르다 전주로 갔다. 이제는 자주 오다 보니 유진이 아빠와도 친해졌다. 유진이 아빠에게 선물에 대한 설명을 다 해 두었다고 한다. 미안한 마음에 화상통화를 했다. 쿠미코 씨에게 우리가 있는 포항의 풍경을 보여주었다. 다음에 한국에 올 때는 포항에도 같이 가자고 약속했다. 그렇게라도 약속을 해 놓고 나니 조금이나마 아쉬움을 달랠 수 있었다. 며칠 전 페이스북에 유진이 학교 졸업 사진을 올렸더니, 쿠미코 씨가 졸업 축하 인사와 소식을 남겼다. 그래요. 빨리 또 만나요!

Part 3

이색
한국 문화
체험기

김치 체험하러
오는 외국인들

　　요즘은 유진하우스 김치 체험교실을 열어서 세계 사람
들에게 김치 만드는 방법을 가르쳐 주고 있다. 김치를 잘 만드
는 고수처럼 깊은 맛을 내지는 못해도 외국인들 입맛에 맞는 김
치는 만들 수 있다. 배추를 소금으로 절이고, 적당한 양의 양념
을 넣어 간을 맞추는 작업은 쉬운 일이 아니다. 배추의 크기, 고
춧가루의 매운 상태, 젓갈의 짠 정도가 다르기 때문이다. 그래
도 김치, 간장, 고추장, 된장은 나도 유진이도 꼭 배워 두어야 할
과제라고 생각한다.

　　최근에는 관광명소를 탐방하는 여행에서 현지인처럼 보고
느끼는 체험형 관광으로 바뀌는 추세다. 유명 관광지에 발 도장
을 찍고 사진만 남기는 여행을 하던 시대는 지났다. 현지음식을

문을 해 보았다. 이름이 **갤러리여서 일반인들에게도 작품 전시를 하는 공간인 줄 알았다. 알고 보니 개인 사저로 사용 중이라 외부인들은 출입 금지다. 공개된 사진을 보니 정말 누구든 한번은 가서 보고 싶을 정도의 아름다운 건축물이었다.

젊은 사람이니까 인터넷으로 검색을 해서 알아서 잘 찾아간다. 개인 사저로 일반인에게는 오픈을 안 한다고? 그런 경우도 있구나! 호기심이 발동했다. 작은 물건이라면 숨겨두면 찾을 수가 없지만, 건축물은 숨겨 둘 수가 없는데 볼 수 없다니! 탐정이라도 된 듯 조사를 시작했다. 우선 인터넷으로 나와 있는 정보부터 뒤졌지만, 자세한 정보를 전혀 알 수가 없었다.

결국 **갤러리를 소유한 **회사로 전화를 해봤다. 그랬더니 직원이 개인 사저여서 오픈을 안 한다는 대답만 들려준다. 건축물이니 밖에서 구경이라도 하고 오면 되지 않을까? 성북동에 있다는 사실 하나만 알고 에바와 함께 탐사를 나섰다. 집에서 가까운 성북동에 있다 하니 일단 한 번 찾아 가보자고 했다. 건축 관련 지인들이나 성북동에 사는 친척에게도 혹시 주변에 그런 건물이 있냐고 물었으나 모두 허사였다. 성북동 파출소에 가서 물었다. 성북동을 늘 오가지만 그런 건물은 본 적이 없다고 한다. 혹시나 해서 부동산을 몇 군데 들렀다. 소문이 가장 빠른 부동산들조차도 모른다고 고개를 젓는다. 정확하진 않지만, 어디쯤 있을 거라는 정보를 준 부동산을 겨우 만났다. 아무리 부자 동네여도 이렇게 숨겨진 건물이 있을 수 있다는 것이 의아했다. 그래도 우리는 포기할 수 없었다. 찾기가 쉽지 않으니 에바가 미안해한다. 몇 번이나 포기하자고 그런다. 이미 시작한 일인데 끝을 봐야지.

성북동이 약간은 언덕이라 올라가기도 쉽지가 않다. 어느 한 곳으로 올라가다가 뭔가 느낌이 오는 건물이 있다. 사람의 예감은 참 무섭다. 밖에서 잘 보이지 않도록 가려진 상태. 외부로 공개되는 것을 싫어서인지 철통 보안이다. 문 사이 틈을 비집고 보니, 우리가 찾던 바로 그 건물이다. 그토록 찾던 건물을 찾았다는 성취감에 얼마나 기뻤는지 함께 소리를 지르며 한동안 소란을 피웠다. 안으로 들어가서 그 건물을 자세히 보고, 안 보고는 나중 문제였다. 단지 찾았다는 사실만으로도 우리는 기뻤다. 우선 1단계는 성공이다. 혹여라도 찾으면 밖에서만 봐도 다행이다 싶어 미리 반은 포기해 둔 상태. 막상 찾고 나니 또 욕심이 생겼다. 이왕 간 김에 어찌 보지 않고 그냥 돌아오랴! 볼 수 있는 방법을 관리인게 여쭤도 보고, 회사로 다시 전화도 해봤지만 역시 모두 거절이다. 우리보다 더한 사정이 있어도 그냥 돌려보냈다고 한다. 미련이 남아 한참을 서성이며 문밖에 서 있었다. 그런데 감사하게도 관리인이 문을 열어 준다. 우여곡절 끝에 안으로 들어갈 기회를 얻었다. 거의 불가능에 가까운 일에 도전했다가 성취를 했다. 드디어 통과다. 에바가 소원 성취를 이루기 직전이다.

들어가서 보니 입이 딱 벌어진다. 이런 건축예술도 있구나! 누구든 오게 했으면 난리가 났겠구나! 사진을 찍긴 했는데 외부 누출은 하지 말아 달라고 신신당부를 받았다. 들어온 사실조차 아무에게도 알려선 안 된다고 해서 보안을 유지하기로 했다. 그래서 여기서도 비밀이다(비밀을 지켜 주세요!). 크고, 대단한 일을 해낸 듯 뿌듯하기까지 했다. 특별한 날이었다.

성북동에서 내려오는 길에 우리 전통 자수를 하는 곳이 보인다. 그냥 지나칠 수가 없어 안으로 들어가 보았다. 우리나라 전통 자수 작품들이 전시되어 있다. 수천수만 번의 바느질로 만들어진 작품이 예사롭지가 않다. 대한민국 궁중 자수 세계명인 정명자 선생님이다. 태극기를 시대별로 수를 놓아 전시회도 했고, 전통문양들도 표현해 왔다. 외국 사절단에게 알리는 일도 많이 해 왔다. 에바의 할머니도 자수를 좋아하고, 바느질도 잘하신다고 한다. 외국에서 온 학생이라고 선물도 준다. 한국의 정을 에바에게 듬뿍 나누어 준다. 자수 관련 이야기만이 아니라 성북동 사람들의 살아가는 이야기도 들려준다. 한국의 실생활들을 배우고 느끼는 시간까지 덤으로 가졌다.

성북동은 부자 동네로 소문나 있다. 담벼락이 높아서 제대로 구경하기는 어려웠지만, 구석구석을 돌면서 다양한 형태의 집 구경을 할 수 있었다. 한옥도 몇 채 있다. 부자 동네에 있는 한옥이라 더 고급스럽다. 주로 해외에서 온 대사들이 사는 대사관저로 쓰인다. 세계 유명 기업의 한국 대표가 사는 집이 많다.

특별한 기억을 안고 한국을 떠난다고 에바가 눈물을 글썽인다. 남들이 알 수 없는 큰 비밀을 나눈 사이가 되었다. 두고두고 기억에 남을 추억으로 둘만의 공감대가 생겼다. 훌륭한 건축가가 되기를 응원한다.

서울시 초청 일본
파워블로거 한옥체험

구정 설을 오랜만에 설답게 보냈다. 서울시에서 초청한 일본 파워블로거 10명과 함께 설을 잘 쇠었다. 전통한옥 설체험을 하면서 한국을 제대로 느끼게 했다. 직접 한옥 온돌방에 잠을 재우고 한국 사람처럼 살아보게 했다. 한국 전통체험은 물론 주로 설날에 했던 놀이를 알려주며 한국 정서를 몸소 체험하게 했다. 일본 각지에서 온 다양한 연령의 블로거들은 마치 수학여행을 온 듯 한옥에서의 체험을 재미있어했다. 작은 것 하나라도 신기해하며 사진과 동영상으로 찍어 기념으로 남기려고 했다. 역시 초청받을 만한 블로거들이었다.

한국을 좋아하는 사람들이라 한국말이 유창하다. 발음도 좋아서 처음엔 재일교포인 줄 알았다. 평소에 늘 한국어 공부를 한단다. 새해 아침, 한옥에서 보내는 특별한 날이다. 어릴 적 명절에는 누가 깨우지 않아도 아침 일찍 일어나 설빔을 차려입었던 기억이 난다. 모두 피곤했을 텐데도 이른 아침부터 자기 체형에 맞는 한복을 예쁘게 차려입느라 부산을 떨었다.

명절에는 어른들이 집안에 계셔야 할 듯해서 우리 큰이모, 작은이모, 엄마 세 자매를 다 모셨다. 세배 체험을 했다. 세배를 받아야 할 어른들이 계셔야 하니 세 분이 세배를 받는 자리에 앉았다. 여자는 오른손을 위에 오게 하고, 남자는 왼손을 위에 오도록 포개어 절을 해야 한다고 가르쳐 주었다. 몇몇은 절하는 자세가 엉성하여 엉덩방아를 찧기도 했다. 한국의 여느 가정처럼 새신랑 새신부가 된 듯, 두 사람씩 짝을 지어 나란히 서서 제대로 세배를 했다. 미리 준비한 빳빳한 세뱃돈을 예쁜 복주머니에 넣어 주고, 덕담도 해주었다. 비록 적은 액수지만, 세뱃돈을 꺼내 보더니 아이처럼 좋아했다.

새해 아침에는 떡만두국을 먹었다. 달걀지단을 부쳐 채를 썰고, 저민 소고기를 볶아서 고명으로 올리고 김 가루도 뿌렸다. 썰기 좋게 적당히 굳은 가래떡을 준비하느라 신경을 써야 했다. 두 편을 나누어 떡 썰기 대회를 열었다. 시합하기 전에 미리 한석봉 어머니 이야기를 들려주었다. 호롱불을 끄고도 떡을 고르게 썰었다고 하지 않는가? 지금은 훤히 밝으니 떡을 잘 썰 수 있을 것이라며 격려했다. 심사위원은 우리 엄마로 정했다. 엄마는 먼저 떡 썰기 시범을 보여주었다. 아무도 흉내를 낼 수 없을 정도의 재빠른 손놀림이었다. 실력이 한석봉 어머니를 뺨칠 정도였다.

크기가 일정하고 적당한 두께로 가장 잘 썬 사람에게 한석봉 어머니상을 수여했다. 오랜만에 칼을 잡아 본 사람도 있고, 평소에 요리를 늘 해오던 사람도 있어서 실력이 달랐다. 더구나 떡국을 썰어본 적이 없는데, 어떻게 예쁘게 썰 수가 있나? 모두 한복을 입고 떡국을 써는 모습이 장관이었다. 보는 나도 배가 절로 불렀다.

추운 날인데도 방안은 물론 마당에도 많은 사람으로 북적인다. 명절이라고 시골 큰집에 집안사람들이 다 모인 분위기다. 다만 조금은 서툰 한국어를 쓰는 일본 사람들이라는 차이점만 있을 뿐. 마당에는 멍석을 깔았다. 투호 놀이, 제기차기, 윷놀이, 엿치기 등 전통놀이를 하면서 아주 흥겨운 시간을 가졌다. 우리 큰이모께서 바쁜 나를 대신하여 전통체험 시범을 보였던 것을 일본 블로거가 자신의 블로그에 올린 사진을 보고 알았다. 일흔 중반이 훨씬 넘은 나이다. 잠시 나이를 잊으신 듯 제기차기도 하고 투호도 하는 모습이 아주 날쌔다. 얼마나 리얼한지 연출 장면처럼 보였다. 우리 문화를 좋아하는 블로거들이라 한국 전통 놀이임에도 불구하고, 게임 규칙을 모두 잘 알았다.

특히 윷놀이는 게임 규칙을 배우면서 감탄사가 흘러나온다. 도 개 걸 윷 모 거기에 빠꾸(밧쿠, バック)도, 빽(back)도라니! 우리 는 두 용어를 번갈아 사용하며 환호를 지른다. 뒤따라오는 상대 편 말에게 잡힐지 모르는 불안한 지점에 있다가, 빠꾸도로 상대 를 잡아먹는 짜릿한 희열을 느낀다. 아무리 열심히 달려가더라 도 한순간에 헛수고가 되고 만다. 외국인들에게 자세히 설명을 한들 누가 제대로 알랴? 전략을 어떻게 짜느냐에 따라 예측불허 의 결과가 나온다. 승패가 어떻게 날지 아무도 알 수가 없다. 끝 까지 가 봐야 안다. 이보다 흥미진진한 놀이가 있을 수 있냐고 놀라워들 한다. 윷놀이를 통해 인생 전략 철학까지 배울 수 있다.

점심때는 빈대떡과 동동주, 보쌈을 먹었다. 특히나 보쌈을 맛

있어했다. 기름기를 뺀 고기니 건강에도 좋은 음식임을 금방 안다. 먹거리도 풍성하고, 놀 거리도 다양하니 잔칫날이다. 일상에 지친 몸과 마음을 충전한다. 이렇게 먹고 노는 재미를 맛본 지가 얼마 만인가? 그래서 명절이 필요하고 잔치가 필요한가 보다. 너 나 할 것 없이 일본과 한국이 하나가 되는 귀한 시간이었다. 단체 사진을 찍을 때도 신명 많은 큰이모는 춤까지 추면서 흥을 돋웠다. "치즈" "김치"라고 입 모양을 내지 않아도 웃지 않을 수 없는 상황을 연출한다. "자주 한국에 놀러 오고, 유진하우스에도 또 들러 줄 거죠?" 명색이 파워블로거들이니 한국과 유진하우스는 말하지 않아도 알아서 홍보해주리라.

이들은 일본으로 돌아가서 동창회를 만들었다. 나도 회원으로 추가해주었다. 가끔 번개 모임도 하고, 망년회도 한다고 공지가 뜬다. "이번 모임은 오사카에서 진행해서 참석할 수 없어 아쉽네요. 다음번에 한국에서 모인다면 장소는 유진하우스였으면 좋겠어요!"라고 글을 올렸다. 아쉬운 마음을 이렇게나마 응원 메시지로 남겨본다.

붓을 잡고 내면의 세계로!
특별한 캘리그라피

"붓글씨는 단순한 수양, 취미 정도가 아니다. 다른 예술은 밖으로 향하는 힘과 방향을 지니고 있다면 서예는 안으로 안으로 끝없이 파고드는 예술이다. 세상이 급박하게 요동칠수록 책상에 앉아서 붓을 잡아야 한다. 서예는 영혼을 갈아 넣는 일이고, 무위(無爲)의 세계, 시간을 일어서게 한다. 숟가락을 들 힘만 있어도 할 수 있다."

– 곽은득 목사님(땡스하우스)

유진하우스에서도 캘리그라피 체험을 진행한다. 복잡한 세상을 잠시 벗어나, 고즈넉한 한옥에 앉아 붓을 잡는다. 정적인 분위기에서 자신의 내면을 향하는 일을 시도하고 있으니 다행이다. 외국인들은 처음으로 붓글씨를 써 본다.

한옥 기와, 대문 빗장의 비밀, 창호 문, 장독, 물확, 그리
고 나팔꽃…

유진하우스의 특징을 모자람과 더함 없이 아주 잘 표현했다.
미국에서 온 조이(Mr. Joy) 씨는 예술 감각이 이 뛰어나신 분이다.
잠시 붓을 들었는데, 표현력이 예사롭지가 않다. 누구도 흉내
낼 수 없다. 포인트를 잘 끄집어냈다. 서로가 잘 어울린다. 돌아
가신 아버님이 뛰어난 예술가였다고 한다. 역시 DNA는 정확하
다. 정성 들여 만든 작품이라 아름답다. 우리 집에 선물로 남겨
놓고 가라고 말씀드렸더니 기꺼이 그러겠다고 한다.

우리 집 대청마루의 대들보를 보고 깜짝 놀란다. 천장 위에
있는 대들보라 못 보고 지나치는 사람도 있다. 혹은 보더라도
슬쩍 보고 넘기는 사람이 많은데, 역시 눈썰미가 다르다. "역사
가 오래된 집인데 저렇게 굵은 나무를 어떻게 옮겼을까요?" 대
들보의 가치를 제대로 알아본다.

유럽에서 온 청년들과 캘리그라피로 '삶이란 무엇인가?' 함
께 고민해 보았다. 유진하우스가 서울미래유산인 철학자 김태

길 가옥이니까, 철학적인 질문을 해 봐야 하지 않는가?

Leben ist… sich gut fühlen durch die Natur.

(인생이란… 자연 안에서 기쁘게 사는 것)

'삶이란... 길'이라고 한글 쓰기 연습도 해본다.

우리는 삶에 대해서 생각할 겨를도 없이 살아간다. 가는 방향이 어디인지? 무엇을 향해 가는지? 잠시 철학적인 사색을 한다. 붓을 잡고 자신의 삶을 표현을 해본다. 서양 사람들은 바닥에 앉아서 글을 쓰는 것이 익숙지가 않다. 조금이라도 편할까 해서 두 다리를 쭉 뻗으라고 알려준다. 글을 쓰기 전에 서예 작품집을 보여주었더니, 빨갛게 찍힌 낙관(落款)을 궁금해한다. "서양 문화의 사인과 같다. 동양에서는 주로 도장을 찍었다. 도장이 없을 때는 주로 손가락에 인주(印朱, red stamping ink)를 묻혀 인장(印章)을 찍기도 했다"고 설명해주었다. 글과 그림을 그린 후, 유진하우스가 새겨진 도장을 찍게 했다. 음각 양각으로 된 도장을 비교하며 신기해한다. 도장에 조심스레 인주를 묻혀 찍어본다. 인주는 무엇으로 만들었냐고 묻는다. 재료에 대해 전혀 생각해보지 않았는데, 돌발 질문이다. 얼른 검색해보니 Hg(수은)하고 oil(피마자기름)로 만든다고 되어 있다. Hg(수은)를 아냐? 화학시간에 외웠던 화학 기호가 갑자기 떠올라 다행이다. 어떻게 만들었는지는 나도 잘 알 수 없어서 재료만 설명해주었다. 우리가 무심코 지나치기 쉬운 것 하나라도 세밀히 관찰하고 묻는다.

롯데(Lotte)는 은회색 머릿결이 아름다운 중년 여성이다. 덴마크에서 온 판사다. 교환 학생으로 한국에 와 있는 딸이 보고 싶어서 여행을 왔다. 잠시나마 캘리그라피와 전각체험을 하면서 사색하는 시간을 가졌다. 법조문과 씨름하며 옳고 그름을 판단하던 일을 잠시 내려놓고 자신에게 몰두한다. 붓을 잡고, 자신의 이름을 한국어로 직접 써 본다. 자신의 이름을 돌에 새긴다. 역시 판사답게 "Very nice experience"라는 간결한 후기를 남겼다. 판결처럼!

아주 작은 세상에 내 이름을 넣어 조화롭게 배치한다. 음과 양의 원리를 배운다. 돌만 파는 게 아니다. 수많은 칼질이 필요하다. 단순히 자신의 이름을 새기는 일만이 아니다. 자신의 내면을 파고, 구멍을 내는 일이다. 사방 한 치 공간 안에 만들어지는 최고의 예술이 전각이다. 자신이 쓴 글과 그림 작품에 빨간 낙관을 찍어 작품을 완성한다. 잠시나마 동양 예술을 하는 작가가 된다. '작가가 따로 있나? 우리도 작가지'라면서 자신이 만든 작품을 들고, 활짝 웃는다. 나는 금방 탄생한 작가를 예쁘게 찍어 주는 사진사로 변신한다. 자신의 작품에 만족하는 그 자체를 사진으로 남기는 것이 내게는 또 하나의 작품이 된다. 유진하우스가 쉼이 있고, 배움의 가치가 있는 곳으로 기억됐으면 좋겠다.

코이카, 인터넷 진흥원 초청
해외 공무원들

해외에서 온 고위 공무원들이다. 아시아, 라틴아메리카, 아프리카 등 제3세계라 불리는 나라에서 왔다. 코이카(KOICA, 한국국제협력단)와 인터넷 진흥원(Korea Internet & Security Agency) 초청으로 온 분들이다. 우리나라 전통문화를 체험하기 위해 자신의 신분과 체면을 잠시 잊는다. 입고 온 옷을 벗어놓고, 아이들처럼 이 옷 저 옷 고르면서 좋아한다. 옷을 갈아입는 걸 번거롭게 여기지 않고 한복을 기꺼이 입었다. 심지어 땀을 뻘뻘 흘리면서도 한복을 입고 갓을 쓰고 사진을 찍느라 오랜 시간 더위를 참기도 했다. 사극 드라마를 보고 달달 외운 대사를 재현해 보기도 한다. 마치 대하 사극의 주인공이 된 듯 최대한 멋을 내고 폼을 잡는다.

때로는 유진이와 함께 찍히는 사진 촬영을 더 좋아했다. 어찌 보면 한복을 곱게 차려입은 유진이가 손님들을 접대하는 셈이다. 유진하우스 모델이 된 유진이가 손님들과 같이 사진을 찍었다. 전통한옥을 벗어나 한복을 입은 채로 서울 성곽까지 걸어간 적도 있다. 집에서 서울 성곽까지 가려면 경신고, 과학고를 지나 10분 정도 걸어가면 된다.

거리에는 한복을 입은 외국인들이 가득 메우는 장관을 이루었다. 한국 사람들이 한복 차림을 한 외국인들의 행렬을 보고 무슨 일인가 오히려 놀라 쳐다보기도 했다. 햇살 좋은 봄날, 한국 사람들처럼 꽃놀이를 하러 갔다. 개나리와 벚꽃을 배경 삼아 환한 웃음을 지으며 사진을 찍는 풍경을 연출했다. 어찌 한국에서의 꽃놀이를 잊을 수 있으랴!

우리 가락 우리 춤 한마당을 흥겹게 열기도 했다. 우리 민요
에 맞춘 가야금과 춤이 함께 어우러져 우리 멋을 한껏 자랑하는
마당음악회다. 우리 민요와 침향무, 가야금산조 등의 연주로 모
든 관객의 마음을 사로잡았다. 모시 적삼을 곱게 차려입은 분이
우리 민요 가락에 맞추어 우리 춤의 멋을 과시했다. 특별히 코
이카 초청으로 한국에 오신 파키스탄 공무원들은 우리 음악과
춤에 상당한 관심을 보였다. 우리나라 고유 현악기인 가야금을
인도, 파키스탄의 대표 악기와 비교하기도 했다. 마지막까지 고
마움을 전하며 정중하게 인사를 했다. 한국의 맛을 제대로 느끼

고 흡족한 마음으로 돌아갔다. 더 이상의 설명이 필요 없는 외교가 저절로 이루어졌다.

몽골 분들은 몽골의 전통 현악기인 마두금을 선물로 가져오셨다. 몽골에서는 마두금이 있는 집에 행운이 깃든다는 풍습이 있다고 한다. 우리 집에 행운이 오기를 빌어 주는 마음을 감사히 받았다. 유진 아빠가 직접 전통한옥에 관해 설명해주는 알찬 강의도 열었다. 못하나 박은 것 없이, 굵고 가는 나무가 얼기설기 엮이어진 집이 신기해 보일만 하다. 주련에 쓰인 백세청풍에 대한 이야기도 들려주고, 철학자 김태길 교수님께서 사셨던 집이라고 자랑도 했다.

스리랑카 분들은 매운 음식을 모두 좋아한다고 했다. 매운 감자닭볶음탕, 잡채, 각종 나물 등을 손수 만들어 대접해 드렸더니 모두 맛있어한다. 집밥을 맛보더니 어느 고급 식당에서 먹은 음식보다 더 맛있다고 엄지를 들어 보인다. 막걸리도 입맛에 맞았는지 자꾸 들이킨다. 나라별로 좋아하는 음식이 조금씩 다르다. 매운 음식을 잘 먹는 나라도 있지만, 아침부터 맵고 짠 음식보다는 달고, 부드러운 음식을 선호하는 나라들도 있다. 몽골 사람들은 쫀득쫀득한 떡 같은 음식을 좋아하지 않는다는 것을 알고 놀랐다. 그래서 때로는 나라별로 좋아하는 식성에 맞추다 보니 한국 음식을 조금 변형시킨 퓨전 음식이 되기도 한다. 우리 전통 음식 그 자체를 좋아하는 사람들도 점점 많아져서 다행이다.

스리랑카 분이 맛있는 음식을 먹게 해준 보답으로 모국의 노래를 불러 주셨다. 또 한 분은 소쿠리를 들고 직접 춤까지 추어 주셨다. 전통 민요인 듯했다. 우리도 답가로 아리랑을 불러 드렸다. 마당 한 가득 노래와 춤이 어우러져 한바탕 즐겁게 지냈다.

코이카와 인터넷 진흥원이 잘 협력해서 모든 스리랑카 국민이 혜택을 누리는 나라가 되기를 간절히 기도한다. 우리나라도 아주 어려웠던 시절이 있었다. 불과 몇 년 전만 해도 다 어려운 삶을 살았다. 이제는 우리나라가 다른 나라를 돌아볼 수 있다는 것이 얼마나 감사한가? 케냐, 우간다, 르완다를 한 달 동안 다녀온 적이 있다. 지금 우리가 누리고 있는 풍족한 생활에 대한 감사와 그들에 대한 미안함으로 만감이 교차했다.

이제는 우리도 어려운 나라에 적극적으로 관심을 가지고, 있는 힘껏 그들을 도와가기를 소망한다.

양반 문화
Confucian Ceremony

山不在高 有仙則名(산불재고 유선즉명)

산이 높다고 명산이 아니라, 신선이 살아야 명산이라는 뜻이
다. 전통한옥은 단지 겉모양만 한옥이 아니라 제대로 된 양반문
화가 남아 있어야 하는데, 늘 아쉽다.

"아무래도 유진이네 집에는 양반이 산 듯해요"라는 말을 듣
곤 한다. 1940년에 지어진 집이니, 한국 역사를 잘 아는 분의 반
응이다. 어디나 사회 특권층의 삶을 엿보는 일은 호기심을 채워
주기에 충분하다. 우리 역사를 조금이라도 아는 외국인들은 양
반문화에 관해 관심을 보인다. 유교 정신으로 이어온 조선 시대

를 궁금해한다.

"엄마, 허리에 손을 얹고, 배를 좀 내밀고, 한 걸음 한 걸음 천천히 걸어야지요."

어느새 유진이가 도리어 스승이 되어 나를 감독한다. 사람마다 걷는 습관이 정해져 있다. 발소리만 들어도 그 사람의 성격을 대충은 알 수 있다고 한다. 한적한 곳을 걸을 때는 양반걸음으로 자주 걷는다. 허리에 무게 중심이 들어간다. 척추도 자연스럽게 똑바로 펴진다. 등줄기와 허리 부분이 아주 시원해진다. 빨리 걷고 싶어도 주변을 살피면서 천천히 걸을 수밖에 없다. 남들이 보는 곳에서는 그렇게 걷는 것이 아직은 조금 쑥스럽다.

한옥은 좌식 생활이다. 허리를 자주 펴 주고, 일어나서 걷는 것이 건강에 좋다. 양반사회에서 양반들은 책을 읽다가 외출할 때는 느릿느릿한 걸음으로 체통을 지켰다. 많은 시간을 할애하지 않고도 제대로 운동을 한 셈이다. 일거양득이다. 우리 가족은 한옥에 살고는 있지만, 양반문화에 대해서 제대로 아는 것이 없다. 우리의 사고 구조나 생활 습관은 이미 서양문화에 더 익숙하고, 편리한 생활방식을 따라 산다. 그래도 피로가 누적된 사회에서 느린 발걸음을 내디디며 살고자 한다.

친할머니는 안동 권가였다. 안동 권씨는 예로부터 유교와 관련 있고, 양반 가문이라고 여겨 왔다. 할머니는 정신력이 강하

섰고, 절도 있는 삶을 사셨다. 형제 중 할머니를 가장 많이 닮았던 아버지는 유교 사상을 많이 알고 계셨다. 유교 정신을 지나치게 강조하다 보면 삶을 얽매는 듯 여겨진다. 나는 유교 문화를 그리 좋아하지 않았다. 편하고 빠름을 추구하는 세상에서 다소 고리타분하다고만 여겼던 유교 정신이 새롭게 살펴봐 진다. 청렴결백했던 선비 정신이 도대체 무엇이었나? 지금 이 시대에 부활해야 할 유교 정신은 무엇일까? 양반문화의 긍정적인 면을 다시 엿보고 싶다. 고전 공부를 하는 사람들이 많아지고 있다. 공자, 맹자, 노자, 장자가 남긴 글들은 아직도 널리 읽힌다.

600년 역사를 자랑하는 성균관대학교가 바로 가까이에 있다. 오래된 건물인 성균관 대성전(成均館 大成殿)과 명륜당(明倫堂) 등의 부속 건물이 있어 손님들하고 자주 들리곤 한다. 이곳에서 열리는 유교와 관련된 특별한 행사가 있다. 언제 열리는지를 잘 살펴 손님들에게 꼭 소개한다. 보통 1년에 두 번, 춘기석전대제(春期釋奠大祭)와 추기석전대제(秋期釋奠大祭)가 열린다. 성균관과 전국 향교에서 열리는 석전대제(釋奠大祭, Grand Confucian Ceremony)는 중요무형문화재 85호다. 공자와 맹자 등 5현, 우리나라 18현 등 39위 성현께 올리는 대표적인 유교 의례다.

행사가 있는 날은 한복과 두루마기를 차려입고, 망건과 갓을 쓴 어르신들이 모인다. 마치 조선 시대를 보는 듯하다. 전국의 향교에서는 물론 중국과 일본 등 해외에서도 온다. 유교의 명맥을 이어가려는 움직임이 이전보다 훨씬 활발하다. 행사 규모도 아주 크다. 유교에 대한 관심이 있든 없든, 행사를 지켜보는 재미가 있다. 미국에서 오셨던 월시(Walsh)부부가 추기석전(秋期釋奠) 행사에 참석했다. 부인은 중국계 미국인이라 공자 사상에 관심이 많았다.

부부가 미국으로 돌아간 후 메일로 기념사진을 보내왔다. 유교 행사에 참가한 것이 추억으로 남는다고 했다. 뿌리가 같은 동양인이어서 그런지 한국 문화에 남다른 관심을 가졌던 기억이 난다. 한옥체험살이 가정에 투숙하는 관광객들에게 '한국 음식 만들기 체험'을 하는 기회가 있었다. 한국 문화를 하나라도 더 체험하고 가도록 도와 드렸더니 고마움을 전해 왔다.

Johns Hopkins Univ.에
다니는 중국 학생

존스홉킨스대학교(Johns Hopkins University)에 다닌다고? 일단 반갑다. 김태길 교수님께서 공부하셨던 미국 대학에서 공부 중인 중국인 학생이 왔다. 이름은 '예택(叡澤)'이다. 아직도 존스홉킨스대학교에서 김 교수님 앞으로 1년에 한두 차례 편지가 온다. 아마도 생사가 확인되지 않아서 그런지 수취인이 없는 편지가 계속 배달되어온다. 훌륭한 철학자가 사셨던 유진하우스에 다른 나라에서 온 유명한 철학자분들이 묵으신 적이 있다. 철학자의 집에 철학자가 오셨군요! 김태길 가옥의 유래를 설명해드린다.

예택은 중국인이지만 일본어로 예약을 했다. 일본에서 사는 중국인인가? 그런데 미국 존스홉킨스대학에서 과학사를 공부하는 대학원생이라고 한다. 일본과 한국 두 나라의 문화와 역사에 관심이 많다. 역사나 언어 관련 전공인 줄 알 만큼 일본어와 한국어를 잘한다. 현재 미국에서 유학 중이니 영어 실력은 유창했다. 우리 둘은 어쩌다가 일본어로 계속 대화를 하게 됐다. 급할 때는 영어, 중국어, 일본어 한국어를 다 섞어서 이야기했다. 이렇게 다양한 언어로 소통할 수 있는 사람을 오랜만에 만나니 좋다. 무엇이든 잘 통한다. 이번에도 전라도에 있는 대학에서 일주일간 세미나를 마치고 서울에 잠시 머물렀다가 다시 미국으로 가는 일정이다. 짧은 일정이지만, 한국을 제대로 느끼고 갈 수 있도록 돕고 싶었다.

마침 캘리그라피 체험을 하러 영국대학 교수님인 인도 분이 오셨다. IT를 전공했고, 20여 년 전부터 영국에 살고 있다고 자신을 소개했다. 9살 된 조카 이름이 한국의 '사랑'과 발음이 같다고 한다. 독신이라 조카 사랑이 예사롭지 않다. 한국어로 '사랑'이라고 쓴 부채를 조카에게 선물하고 싶다고 정성을 쏟으셨다. 예택 학생에게도 교수님하고 같이 캘리그라피 체험을 하겠냐고 물었더니 아주 좋아했다. 중국 학생이다 보니 어릴 적 붓글씨를 써 본 기억을 살려 붓글씨도 잘 쓴다. 인도인 교수님과 중국인 학생이 함께 저녁 식사도 하고, 낙산공원을 걸으며 서울 시내 야경을 구경하기도 했다.

예택이 한국에 몇 번 머무는 동안 해 보지 못한 것을 경험하게 해주고 싶었다. 한양도성 북악산 코스를 등반하자고 했더니 흔쾌히 그러겠다고 한다. 더운 여름 우리는 땀을 흘리며 성곽을 올랐다. 서울 시내가 훤히 내려다보이는 곳마다 멈춰 서서 땀을 식히며 서울의 이 방향 저 방향을 살폈다. 멀리 북한산과 도봉산도 보인다. 서울 도심은 빌딩들과 아파트가 숲을 이루고 있다. 여의도 63빌딩, 마포대교, 한강…. 예택과 함께 서울의 풍경을 눈으로 담으며 역사 공부를 했다.

창의문 쪽으로 내려가서 청와대를 거쳐 가는 버스를 탄다. 버스 안에서 창밖으로 보이는 청와대 풍경을 구경하는 재미도 놓칠 수 없다. 산행 후라 땀도 나고 힘이 들기도 했지만, 오후에 약속이 잡힌 지인 모임에 같이 갔다. 이대 안에 있는 음식점이 모임 장소라서 이대 구경을 제대로 했다. 진짜 한국말을 잘 이해하기 위해서는 다양한 사람들의 말을 듣는 훈련이 필요하다고 했더니, 한국 아줌마들 틈에서도 이야기를 경청한다. 마음이 선하다. 자기를 위해 좋은 것을 해주려고 하는 마음을 알아차리고 좋게 여기고 함께 하기를 즐긴다.

짧은 이틀 동안 서울에서 지냈지만, 많은 일을 했다. 서울에 몇 번 왔기 때문에 서울 상황을 잘 안다. 자신이 계획한 스케줄대로 움직일 수 있는데도, 내 의견을 전적으로 따라 주고 즐거워했다. 몸집은 작아도 생각과 행동의 그릇이 크다.

미국으로 돌아간 예택이 Airbnb에 후기를 남겨주었다. 내게도 짧은 글을 하나 더 남겼다. 여러 가지 여행지와 이벤트에 데리고 다녀 주어서 고맙다고, 또 만나자고 인사를 남겼다. 예택학생이 어떻게 성장해 가는지를 지켜보는 것만으로도 행복하다고, 엄마의 마음이 되어 속삭여준다.

Part 4

세계의
오랜 역사를
만나다

이스라엘에서
오신 사라 박사님

이스라엘로 성지순례를 다녀온 사람들이 많다. 성경에 나오는 지명들을 찾아 직접 가보는 것도 좋은 여행이 될 듯하다. 성경책을 읽을 때마다 이스라엘에 대해 호기심이 생겼다. 예수님이 태어나신 베들레헴, 제자들과 함께 시간을 보낸 갈리리 호수는 어떤 모습일까?

때마침 내 마음을 달래 주실 분이 오셨다. 사라 코차프(Dr. SARAH KOCHAV) 박사님은 이스라엘 역사 연구자이자 편집자 겸 작가다. 기독교와 성지 관련 주제를 담당하는 대중매체 컨설턴트로 활동하고 있다. 이스라엘 텔아비브 대학에서 『고대 이스라엘』을 집필하셨고, 한국어로도 번역되었다. 박사님의 책으로나마 이스라엘 여행을 떠날 수 있어 감사하다.

사라 박사님은 서울에서 볼일을 보시고, 유서 깊은 도시인 경주를 가고 싶어 했다. 경주는 초행길이라 걱정이 됐다. 전통을 좋아하는 분이라 숙소도 한옥으로 예약을 도와 드렸다. 너른 마당에 마사토가 깔려 환하게 반사되는 수오재가 생각이 났다. 예전에 울산 친정에 갔을 때, 수오재에 가고 싶어 했더니 동생이 데려다준 적이 있다. 친절한 사장님께서 수오재 주변과 뒷산까지 골고루 보여주셨다. 넓은 마당과 고즈넉한 수오재 풍경들이 마음에 늘 남아 있었다. 그때의 고마움이 생각나서 사장님께 전화를 드렸다. 사라 박사님이 한국어도 잘 못 하시고, 경주는 초행길이니 좀 도와주시면 좋겠다고 부탁을 드렸다. 기꺼이 마중과 배웅을 해주겠다는 말을 듣고 나서야 안심했다.

사라 박사님이 여행을 마치고 돌아간 후 메일을 보내온 지가 얼마 되지 않은 듯한데, 벌써 몇 년이 지났다. 이번 여름 또다시 유진하우스에 오셨다. 박사님은 은퇴하고 베트남에서 학생들에게 영어를 가르친다. 여전히 기품이 흘러넘친다. 우리 집 부엌 창에 걸린 모시 조각보를 보고 놀란다. 박물관에 있어야 할 물건이 여기 있다고 제대로 가치를 알아본다. "맞아요. 기증해야 겠어요!"라고 맞장구를 쳤다. 함께 웃음이 나와서 웃었다. 그냥 흰 조각보가 흩날리는 줄 알고 지나치는 사람이 많은데, 박사님의 눈썰미는 달랐다. "박사님 가져가실래요?" 물어도 여기 있는 게 더 어울린다며 사양한다. 조각보를 여러 각도로 살피면서 사진으로 담아 가신다.

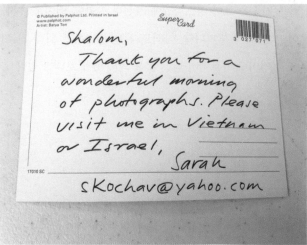

Shalom,
  Thank you for a
wonderful morning
of photographs. Please
visit me in Vietnam
or Israel,
              Sarah

sKochav@yahoo.com

지난번에 왔을 때 서울 성곽 전 구간 중 일부를 돌다가 남은 구간이 있었다. 이번에 또 도전하겠다고 등산화도 챙겨 왔다. 일본에서 온 아케미(野崎明美) 씨와 창경궁에 가서 예쁘게 사진도 찍었다. 행복을 찍는 사진사 삼촌께서 두 분을 가장 아름다운 순간을 포착해서 모델들로 만들어 주었다. 더운 여름날이지만, 유진하우스에서 여유롭게 시간을 보냈다. 베트남으로 돌아가면서 고마움을 엽서에 가득 남기고 갔다. 베트남으로 여행을 오면 안내를 하겠다고 꼭 오라고 한다. 베트남도 좋지만, 이스라엘에는 언제 가냐고 물었다. 책을 쓴 곳들에 대한 설명을 사라 박사님께 직접 들으면서 여행을 하고 싶은 욕심도 든다. 특별한 날은 가족을 보러 이스라엘에 가신다고 한다. 귀여운 손자를 보여준다. 벌써 할머니다. 아직도 책을 저술하기 위해 자료를 모으고, 영어도 가르치며 남은 삶을 의미 있게 보내고 있다.

한국인 두 자녀를
입양한 노르웨이 부부

한국에서 어린아이들을 입양해간 노르웨이 외스타드 (Øiestad) 부부가 두 자녀를 데리고 왔다. 이제는 자신들의 귀한 자녀가 되었고, 어엿한 청년이 되었다. 자녀들의 친부모를 찾아 주기 위해서 왔다고. 우리나라는 전 세계에서 가장 많은 아동을 해외로 입양 보냈다고 한다. 세계인의 입양 논문에도 한국 입양인 자료를 참고로 할 정도라고 한다. 유럽과 미국에는 오래전부터 입양문화가 자연스럽게 정착되었다. 동양에서는 핏줄을 따지느라 입양을 꺼리지만, 서양에서는 기꺼이 가족으로 맞아들인다. 피부색이 다른 외국인 아이를 입양하는 일도 꺼리지 않는다.

입양 간 자녀들이 친부모와 만나면 자신의 정체성을 확립하는 데 도움이 된다고 한다. 참 좋은 양부모님을 만났다. 오빠인 영호(Martin) 씨는 파일럿이 되기 위해 훈련 중일 때 한국에 왔는데, 이제는 노련한 파일럿이 되었다. 어머니가 스튜어디스로 일했는데, 아들 영호 씨와 같이 비행을 하는 사진도 페이스북을 통해 보았다. 동생 수미(Nanna) 씨는 로스쿨에 다녔다. 불합리한 차별을 없애는 인권변호사가 되려고 준비하고 있었다. 이제는 결혼해서 자녀도 낳고 행복하게 살고 있다. 둘은 아무런 관계가 없는 사이다. 입양해 간 부모가 같아서 남매가 되었다.

노르웨이 부부는 1982년에는 영호 씨를, 1983년에는 수미 씨를 입양해 갔다. 자녀들을 어쩜 이리 잘 키웠냐고 물어봤다. 영호와 수미가 친부모로부터 받은 좋은 유전자에 노르웨이 부모인 자신들이 가진 장점을 보태어 보살폈을 뿐이라고 한다. 두 자녀의 한국 부모님을 만나면, 기억해내는 데 보탬이 될 수 있을까 해서 어릴 적 사진도 들고 왔다. 사진에는 정말 행복해 보이는 영호 씨와 수미 씨의 모습이 고스란히 담겨 있었다. 양아버지는 여행을 가는 곳에서 늘 두 자녀를 촬영한다. 자녀들이 무슨 체험을 하든 본인이 더 즐거워한다.

세상을 긍정적으로 바라보고, 뭐든 고맙다고 하는 마음으로 살아가니 자녀들이 훌륭하게 컸구나 싶다. 두 분의 귀한 마음과 깊은 사랑에 저절로 고개가 숙여졌다 그 당시 내게도 어려운 일이 하나 있어 상담했다. 처음에는 일이 어려워 보이고 힘들어도 일단 시작하면 뭐든 된다고 용기를 주셨다. 입양 문제도 내 형편을 따지면 아무것도 할 수가 없다고 한다. 먼저 자녀를 입양해 오면, 시간과 돈이 생겨난다고 한다. 그 외의 여러 가지 환경도 만들어 가면 되니 두려워하지 말라고 한다.

영호 씨와 수미 씨의 친부모를 찾기 위해 자녀들을 입양해 간 곳도 찾아가고, 여러 방면으로 애를 썼다. 우리도 작은 힘을 보태고 싶어 최선을 다했다. 한국에 온 이들에게 한국 문화와 정서를 배우게 해주고 싶었다. 내가 어떤 제안을 하든 양부모님은 흔쾌히 받아들이셨다. 한국 청년들과 대화할 기회를 만들어 주고자 함께 교회에 가서 주일 예배도 드리고, 식사도 했다.

우리나라에서 돌보지 못하고 입양을 보낸 부끄러운 마음, 빚진 마음으로 양부모님을 뵈었다. 한국 아이들을 훌륭하게 키워준 사랑에 감사한 마음을 전하고 싶어 장로님 부부가 저녁을 대접했다. 한국의 맛을 제대로 느낄 수 있는 한국 전통 음식으로 그들을 위로하는 시간을 가졌다.

한옥에서 여러 날을 보내기가 쉽지 않은 일이지만, 그리 내색하지 않았다. 아침이면 여느 한국 부모님처럼 이 방 저 방 다니면서 아들과 딸을 깨운다. 한국 음식을 제대로 먹어본 적도 없을 텐데, 아침 식사를 드리면 그릇을 싹싹 다 비운다. 한국 음식에 대해 관심도 많아서 요리법도 묻곤 한다. 넷이 함께 모여 여행 다닐 곳을 정하고, 일정을 계획한다. 어머니는 '영호, 수미'라는 이름을 잊지 않고 기억하고 있었다. 그리고 내게 가르쳐 주었다. 영호 씨와 수미 씨가 한국말을 전혀 못 하는 게 안타까워서 한국말로 간단한 인사말을 알려 주었더니 즐겁게 연습한다. 이름이라도 한국어로 "영호! 수미!"라고 자주 불러 주었다. 아마도 한국 이름을 이제까지 아무도 불러 주는 사람이 없었을 것이다. 가슴에만 묻어 두고 언젠가는 불릴 이름으로만 기억하고 왔을지도 모를 일이다.

노르웨이 가족이 떠나는 날, 양부모님께 정말 감사하고, 존경한다고 했더니 어머니께서 나를 꼭 안아 주셨다. 두 자녀를 키우면서 어려웠던 일, 즐거웠던 일들이 함께 전해져 왔다. 양부모와 영호, 수미 씨도 유진하우스를 늘 관심 있게 바라본다. 온라인에서 우리는 서로 가장 열렬한 지지자들이다. 무슨 내용이든, 무슨 일이든 상관없이 글을 올리면 서로 '좋아요'를 힘 있게 꾹 누른다.

한국은 해외 입양 건수가 중국, 러시아, 과테말라에 이어 세계 4위인 아동 수출 대국이다. 한국전쟁 이후 1953년 첫 해외 입양이 시작됐고, 많은 전쟁고아가 외국으로 입양됐다. 최근 유진하우스에도 세계 여러 나라로 입양되어 갔던 분들이 오는 일이 잦다. 한국 아이들을 외국으로만 보낼 것이 아니라, 이들을 우리가 보듬고, 보호해야 한다. 혹시라도 이런 아이들이 돌봄을 받지 못해서 잘못 자라게 되면 우리가 피해자가 될 수 있다. 언어도, 문화도 전혀 다른 분들이 한국 아이들을 입양해 가서 키우게 하는 것을 남 일 보듯 할 일이 아니다. 이렇게 남의 나라에서 아무런 연고도 없는 아이들을 데려가서 훌륭하게 키워주신 양부모님의 정성과 사랑에 깊은 감사가 저절로 우러나온다.

유럽으로 입양 갔던 사람들이 유진하우스에 자주 왔다. 태어난 곳인 한국에 뿌리를 찾기 위해서 온 이들에게 어설프게나마 고향 역할을 잠시라도 대신해주고 싶다. 돌아가서도 언제든 올 수 있는 고향으로 가슴에 안고 가도록 도와주고자 했다. 친부모를 만나러 왔지만, 아무도 못 만나고 가는 게 참 아쉽다. 조국인 한국에서 잠시 머물다 가는 것만으로도 감사하다며 돌아간다. 좋은 기억과 추억을 안고 두고두고 꺼내어 볼 수 있기를 바란다. 이들이 언제든 한국에 온다면 그들의 부모를 대신해서 맞아주고 싶다. 마음 둘 곳이 없는 그들을 위해 유진하우스가 그 역할이라도 해주어야지.

한일 관계를 잇는
일한교류회를 아시나요?

아사카와 다쿠미(浅川巧)를 아시나요? 생소하게 느껴질 수도 있다. 1891년에 태어나 1931년에 조선에서 짧은 인생을 살다가 돌아가신 분이다. 2012년 아사카와 다쿠미의 일생을 그린 일본 영화 〈백자의 사람: 조선의 흙이 되다〉가 개봉했다. 에미야 다카유키의 소설 『백자의 사람』이 원작이다. 조선을 사랑한 일본인 '아사카와 다쿠미(浅川巧)'의 삶을 다룬 영화다.

백자의 사람, 아사카와 다쿠미(浅川巧)
'한국의 산과 민예를 사랑하고 한국인의 마음속에 살다 간 일본인, 여기 한국의 흙이 되다.'

망우리 공동묘지에 있는 아사카와 다쿠미(淺川巧)의 묘비에 적힌 글이다. 조선 사람들의 편에 서서 애환을 함께 나누었다. 조선의 산하와 전통에 심취했고 조선인으로 살았다. 조선인에게도 사랑받은 일본인이었다. 마흔 살에 일찍 세상을 떠났다. 젊은 나이다. 일본제국주의 시기에 한국인에게 관심을 쏟는 것조차 감시를 받을 때였으나, 조금도 굴하지 않고 한국인을 진심으로 사랑한 분이다. 도자기나 민예품을 좋아할 만큼 우리 것의 가치를 알아보셨다. 숭고한 인류애를 몸소 실천한 분께 감사드린다. "한국인보다 한국을 더 사랑한"이라는 수식어를 붙이는 몇 안 되는 사람 중에 한 분이다.

한국을 누구보다 사랑했던 아사카와 다쿠미(淺川巧)를 추모하며, 그 행적을 더듬어 여행하는 일한교류회(日韓交流会)가 있다. 일본과 한국의 역사 문제를 진지하게 생각하는 모임이다. 이 모임에 참여하시는 분들 연세가 좀 높은 편이다. 일본은 여행이 생활화된 문화가 정착돼 고령에도 아랑곳하지 않고 세계여행을 자유자재로 다니는 분들을 자주 뵌다. 은퇴해서도 여유 있게 여행을 다닌다.

일본과 가장 가까운 한국에는 국내 여행을 다니듯 자주 오기도 한다. 한일 역사 문제라는 특별한 목적을 갖고 여행하는 모습을 뵐 때마다 '여행문화가 참 성숙하구나!'라는 생각이 든다.

이런 작은 노력이 한일관계를 부드럽게 만들어가는 다리 역할을 하고 있다. 이제는 공부를 안 해도 되는 분들이지만, 남의 역사를 챙겨서 공부하는 모습이 인상적이다.

이른 아침에도 할 일이 있다는 것을 즐거워하신다. 해맞이도 할 겸, 산책 삼아 서울 성곽에 오르자고 말씀드렸다. 일찌감치 일어나 산책을 할 채비를 하고 기다린다. 그리 가파른 곳은 없지만, 무릎이 아픈 분이 계실까 걱정했다. 의외로 거뜬하다.

집에서 아주 가까운 서울 성곽은 서울 한양도성(사적 제10호)이다. 1396년 태종 때 지어졌다. 성곽 입구의 안내 표지부터 찬찬히 읽는다. 한양도성은 오랜 세월을 지나면서 파손된 부분도 있지만, 축조 당시의 모습과 이후 보수하고 개축한 모습까지 간직하고 있다. 그래서 성벽 돌들의 모양이나 재질이 조금씩 다르다. 직접 손으로 만져 보고, 사진도 찍는다. 한국 역사를 그들이 꼼꼼히 더듬는다. 성벽을 둘러보는 것만으로도 역사의 흔적을 살펴볼 수 있는 특별한 문화유산이다.

하늘의 청량한 공기를 가로지르며 날아다니는 새들의 움직임이 분주하다. 까치들이 노래를 부르며 가장 먼저 인사를 한다. 이름 모를 새들도 덩달아 합창한다. 새들을 찾아 눈길이 돌려진다. 나뭇가지에 가려 있어 잘 보이지도 않는다. 꽁지가 조금 긴 새가 기묘한 소리를 낸다. 우리 입으로는 아무리 흉내를 내려고 해도 안 되는 소리다.

"까치가 울면 반가운 손님 온대요." 모두 까치를 찾느라 두리번거린다.

"어깨와 배, 허리 부분이 흰색이에요. 배 부분은 볼록하고 꽁지도 길게 내려앉아 아름다워요. 저기 보이지요? 한국은 까치를 길조로 여겨요."

"오늘 우리에게 좋은 소식이 올 것 같아요!"

까치를 본 날은 좋은 소식이 온다고 생각해서 종일 설레며 기다렸다는 이야기도 들려준다. 까치는 우리 민화에도 자주 등장하고, 집 가까이에 있는 큰 나무에 집을 짓고 살아와서 친숙한 새다. 일본과 중국에서는 까치를 보지 못했다. 일본은 까마귀를 길조로 여긴다. 까마귀를 별로 좋아하지 않는 우리와는 반대다. 동경 우에노 공원이나 신사(神社, 진자)에서 까마귀를 많이 봤었다.

이른 아침 산책을 다니는 사람들과 마주친다. 매일 비슷한 시간대에 다니는 사람들이다. 벌써 목적지를 찍고 되돌아 내려온다. 산을 다니는 사람들은 누구에게나 인사를 잘한다. "안녕하세요?" "네, 안녕하세요!" 얼른 내가 답을 하면 엉거주춤 일본 분들도 따라 한다. 일본 분이 아는 사람이냐고 묻는다. 잘 모르는 사람이어도 이렇게 인사를 한다. 아마도 산행을 하니 기분이 좋고, 지친 산행을 서로 격려하는 의미가 있다고 설명해 드린다. 평소 못 보던 한 무리의 이방인들이니까 누군가 해서 흘깃흘깃 쳐다본다. 일본에서 오신 분들이라고 소개한다. 일본어를 할 줄 아는 사람들은 "오하요고자이마스!(おはようございます)"라고 경쾌하게 인사해준다. 인사 한마디로 환대를 받은 기분이 든다.

성곽 틈새로 성 밖 세상을 들여다보자고 한다. 북정마을의 오래된 집들이 보인다. 서울의 또 다른 풍경이 아직 남아 있다. 성벽을 타고 올라온 담쟁이가 빨갛게 물든 모습으로 네모난 구멍에 살짝 얼굴을 내민다. 한 컷의 사진 프레임이다. 옆 구멍에는 어떤 모양일까? 빨간 지붕이 보이고, 가장자리에는 빨갛게 물들어가는 나뭇잎이 사각 프레임 속에 담겼다.

평소 성곽을 오르내리며 봐온 나의 비밀 정원들을 알려 준다. "여기는 보랏빛 맥문동이 피는 고요한 정원이고, 여기는 개나리가 펴서 길가를 노랗게 물들여주는 곳이에요." 설명할 게 너무 많다. "잠깐! 여기서는 한 사람씩 걸어가는 뒷모습을 찍으면 아름다운 길이니까 한 분씩 천천히 걸어가 보세요!" 조금 가파른 계단도 있지만, 이런저런 구경거리에 마음이 팔려 힘들 겨를이 없다.

아침 산책의 하이라이트는 해맞이를 가장 잘 할 수 있는 곳에서 서울 시내를 내려다보는 일이다. 내가 해와 마주하는 장소가 있다. 빨리 보여주고픈 마음에 마음이 들떠 목소리가 높아진다. "성벽에 가려서 보이지 않는 부분을 꼭 봐야 해요. 모두 올라와 보세요!" 내가 먼저 시범을 보인다. 얼른 예쁜 모습을 사진으로 담고 내려온다. "자, 한 분씩 오세요. 성벽 아랫부분에 살짝 발을 딛고, 아래를 내려다보세요!"

아까 올라오다가 보았던 성벽의 모습과 위에서 전체를 내려다보니 딴 세상이다. 상상하지 못한 풍경이다. "가로로 보이는 S 자 능선이 보이지요? 저 라인을 보여 드리고 싶었어요!" 굽이치는 선이 우람하면서도 완만한 곡선으로 성벽이 연결돼 있다. 무거운 돌을 산 위까지 올리는 일이 쉽지 않았을 텐데, 어떻게 저런 라인을 만들었을까? 성곽의 능선이 굽이치면서 오르막을 향한다. 올라오느라 힘들어도 여기를 오기 위함이었노라고 자랑하며 함께 감동과 감격을 누려본다.

목적지 와룡공원 앞에 다다른다. 와룡공원은 용(龍)이 길게 누워있는 형상에서 이름을 따왔다. 창경궁 창덕궁의 일부분이었다고 들었다. 산 위에는 군인들의 초소가 있다. 아침 운동을 하는지 함성이 우렁차게 들린다. 군사지역은 접근금지라고 쓰여 있다. 우리나라 군대 문화에 모두 관심이 많다. 작은 것 하나라도 놓치지 않고, 일한교류회의 목적에 맞게 한국 역사 공부를 알차게 한 셈이다. 집안에 놓인 전통가구나 민속품들도 놓치지 않는다. 우리 선조들의 지혜로운 삶이 그대로 녹아 있다. 손때 묻은 물건이지만, 귀하게 봐준다.

요강의 쓰임을 아는 사람이 있을 터라 보일 듯 말 듯 마당 한 구석에 놓아두었다. 작은 요강 하나에도 관심을 보인다. 일본도 오마루(おまる)라는 요강이 있었다고 한다. 유진이가 어릴 때 요

강을 애용한 적이 있다. 처음에는 이상한 물건처럼 여기다가, 한두 번 사용하더니 요강의 편한 맛을 알게 되었다. 방안에 화장실이 있는데도 요강을 찾곤 했다.

프리지아가 상큼한 향기를 머금고 봄을 손짓하는 때가 오면 요강은 화병이 된다. 청화백자 목단 도자기 요강이 화병으로 아주 잘 어울린다. 노란 프리지아가 한 움큼 고개를 늘어뜨리고 있으면 감쪽같다. 한 아름 꽂아서 장식해 두면 원래의 용도가 무엇이었는지 아무도 모른다. 원래 요강이었다고 이야기를 해 주면 모두 놀란다.

일한교류회가 올 때마다 다쿠미의 일생에 관해 많은 이야기를 나눈다. 우리 민족을 순수하게 사랑했던 귀한 분을 추모하는 분들이 유진하우스에 오는 것만으로도 자랑스럽게 여겨졌다. 식민지 나라에 와서 진심으로 사랑을 실천한 아사카와 다쿠미 같은 정신을 가진 사람을 꼭 한번 만나고 싶은 욕심이 난다. 이런 훌륭한 분이 우리나라에 와서 좋은 영향을 끼친 것을 기리고 추모하기 위해 찾아오는 일본 분들이라도 만나니 그저 반갑고, 감사할 뿐이다.

이름은 일한교류회지만, 회원이 모두 일본인이다. 일본 분들만 이야기를 나누어서는 안 될 것 같아서 이웃 어른들과 관심 있는 지인도 모셔왔다. 한일 양국의 문제뿐만 아니라, 개인적으로 일본에 대해 마음에 담아두었던 모든 이야기를 쏟아냈다. 밤 늦도록 정담을 나누느라 시간 가는 줄도 몰랐다. 연로하신 회원들이 많아 걱정이다. 한국에 다시 올 때까지 건강하시기를, 일한교류회가 계속 이어지기를 바란다. 감사하게도 일한교류회에서 메일을 보내왔다.

"8월 27일 28일 숙박한 마루야마입니다. 신세 많이 졌습니다. 유진이와 모두 건강하십니까? 유진하우스 홈페이지를 보니 우리들의 사진도 올라가 있어 무언가 반가운 생각이 듭니다. 고맙습니다. 한국의 전통가구가 있는 건축물 속에서 머문 것, 기쁜 한때를 보냈습니다. 내가 찍은 사진을 보냅니다."

중국 청도에서 왔습니다

네 가정, 열네 명의 식구들이 중국 청도(青島, Qīngdǎo, 칭다오)에서 왔다. 모두 사촌지간으로 부모와 자녀들이 함께 왔다. 툇마루 양지바른 곳에 드러눕는다. 부끄러움도 없다. 역시 중국 사람들답게 왁자지껄하다. 대가족이 오니 중국의 인해전술이 느껴진다. 특별히 우리가 중국에서 살았던 청도(칭다오)에서 왔다니 더 반가울 뿐이다.

청도에서 SAT 시험을 치러 서울 국제고등학교에 온 학생과 어머니이다. 시험 관련 문제가 좀 생겨서 일정이 며칠 미루어졌다. 비행기표를 다시 연기하기가 어려워 다음번 날짜에 시험을 친다고 한다. 다시 또 와야 하지만 즐겁게 여행한다. 동대문 시장에서 한복도 사 왔다. 특별히 한국의 여러 문화를 체험하는 것을 즐긴다.

우리 가족이 청도에서 살았을 때 만났던 이웃이 한국에 온 적이 있다. 우리가 어찌 사는지 궁금했는지 가족들과 함께 왔다. 같은 회사 직원들이 단체로 방문하기도 했다. 청도에서 오는 사람들하고는 고향 사람을 만나듯 반갑다. 우리가 살 때도 많은 변화가 있던 곳이었는데, 우리가 떠나온 후 더 색다른 모습으로 변했다고 한다. 지하철도 생겼다니 말이다. 청도를 떠나오고 나서 아직 한 번도 가보지 못했다.

우리나라 군산과 같은 위도에 있는 중국 청도는 비행기로 1시간 정도 걸린다. 요즘은 서울하고 가깝다 보니 자주 오가는 곳이다. 중국에는 성도(成都, Chéngdū, 청두)도 있다. 청두로 발음이 되다 보니 청도를 가려다가, 청두로 간 사람이 있다고 한다. 그래서 인생이 바뀌었다는 이야기를 들은 적이 있다. 우리나라 경상도에 청도가 있으니, 청도나 칭두나 비슷하게 들린다. 중국어 칭두를 한국식 발음 청도로 들어 혼란스러울 수 있다. 한국 사람들도 많고, 조선족 동포들도 많으니까 여행하기도 편리하다.

중국 청도는 다른 나라의 지배를 받은 뼈아픈 역사의 잔존이 건축물로 고스란히 남아 있다. 국제건축박물관이라 불릴 정도로 독일, 미국, 일본 등의 건축양식이 다양하다. 붉은 지붕은 독일 역사의 잔존으로 오래된 건물들이다. 그래도 외부에서 보기에는 아름다운 모습이다. 진짜 중국인가 싶을 정도로 아름다운 건축물들이 즐비하다. 이제는 시대에 따라 많은 변화가 생겼다. 바닷가를 따라 경관이 좋은 곳에 아파트가 들어섰고, 고층빌딩이 올라가기 시작했다.

청도는 맥주(啤酒, píjiǔ, 피주)로도 유명하고, 도교의 발상지 노산(崂山, 라오산)이 있다. 사시사철이 아름답고 물이 깨끗하다. 맥주 공장이 이곳에 세워진 이유 중 하나인 듯하다. 해마다 여름이면 칭다오국제맥주축제(青岛国际啤酒节, qīngdǎo guójì píjiǔjiē)를 아주 크게 연다. 맥주 축제 때 정부 중앙에서 고위정치가들이 온다고 모든 호텔을 비워야 하는 때가 있었다. 그때 당시 우리집에 한국 손님이 와서 집 앞 호텔에서 머물고 있었다. 그런데 아무런 통보도 없이 갑자기 호텔을 비우라고 했다. 우리나라였다면 어림도 없는 일이었다. 남의 나라에 사니 어쩔 수 없이 아무 소리 못 하고 호텔에서 나와야 했다.

중국에서는 춘절(春节, Chūnjié, 춘제)이라고 하는 구정 설이 가장 큰 명절이다. 복을 부르는 폭죽 터트리기는 전쟁을 방불할 정도다. 악귀를 쫓아내고 새해를 맞는 폭죽을 터트린다. 전쟁때라도 한밤중에는 조용할 텐데, 중국 폭죽놀이 문화는 자정이 최고의 정점이다. 다음 날 아침까지 아수라장이 따로 없다. 여기저기서 시도 때도 없이 들리는 폭죽 소리에 시달려야 한다.

이 소동은 음력 보름까지 이어진다. 유진이가 아주 어려서 잠을 재워야 하는데, 끊임없이 들리는 폭죽 소리 때문에 얼마나 가슴을 졸였는지 모른다.

중국 청도는 2003년에 가서 2009년에 돌아왔다. 6년 반을 살았던 곳이다. 해가 지면 잠을 자고, 해가 뜨면 일어나는 삶을 찾았다. 하루는 저녁에 조명이 안 들어왔다. 마을 한 구역만도 아니고, 마을 전체가 정전되어 캄캄했다. 갑자기 개발된 도시라 그런지, 전기 공급이 원활하지 않았던 것 같다. 저녁마다 전기가 한동안 들어오지 않았다. 잠깐이라도 정전이 되면 큰일 나는 우리와는 달랐다.

아침마다 시골 장터 같은 작은 시장이 마을 주변에 열린다. 싱싱한 해산물은 물론 온갖 과일들이 있다. 냉장 시설이 발달하지 않아서 생선은 싱싱한 그대로를 금방 사서 먹어야 한다. 한국에서 귀한 새우, 게 등 다양한 종류의 해산물이 넘쳤다. 모든 무게 단위가 '근(斤)'으로 물건을 사고판다. 우리는 개수로 팔기 때문에 근으로 달아 파는 것에 익숙지 않고, 재래식 옛날 손저울을 다는 방법을 잘 모른다. 중국에서는 가격 실랑이를 해야 한다. 정찰제가 아니었다. 실컷 깎아서 잘 사 왔다고 생각했는데, 근이 모자라는 경우도 더러 있었다. 이것도 주변 사람들이 이야기해줘서 알았다.

　노산이 가까이 있어서 해풍을 맞은 차도 유명하고, 복숭아와 앵두 등은 아주 맛있었다. 처음 갔을 때는 맛 좋은 수박을 고르기가 힘들었지만, 몇 년이 지나자 농업기술이 발달해 과일이 다 맛있어졌다. 망고, 망고스틴, 두리안 등 열대과일부터 다양한 종류의 과일들을 언제나 풍족히 먹을 수 있었다. 과일을 끊이지 않게 먹고 사는 소박한 삶을 꿈꾸곤 했었다. 어릴 때 친구 집에 가면 사과를 한 상자씩 사 놓고 먹는 게 부러웠기 때문이다. 중국에서 살면서 식탁 위에 언제든 먹을 수 있는 과일을 한 바구니 쌓아놓고 바라보는 소원을 이룰 수 있었다.

　중국은 부엌 구조가 식사를 집에서 만들어 먹기에는 조금 불편하다. 개수대, 조리대도 좁아서 요리하기가 쉽지 않았다. 중국은 아침 식사를 밖에서 해결하는 경우가 많다. 중국인들은 아침이면 길거리 좌판에서 밀가루 반죽을 해서 튀긴 유탸오(油条, yóutiáo)와 콩 국물인 또우지앙(豆浆, dòujiāng)을 먹는다. 시장에 장보러 가는 일, 요리도 남자들이 하는 가정이 많다.

　중국은 역시 큰 나라였다. 청도는 새롭게 만들어지는 도시여서 각 지역에서 많은 사람들이 몰려와서 살고 있었다. 명절이 되면 1, 2주를 쉬는 회사가 많았다. 집에 오가느라 긴 시간이 필요했다. 거리와 시간 개념도 달랐다. 약속 시간을 정하려고 하는데, 금방 올 수 있다고 했다. 5분 이내에 오는 거리인 줄 알았는데, 30분~1시간은 족히 걸리는 거리를 금방이라고 표현했다.

우리는 중국 조선족 동포들과 서로 도움을 주고받기도 하며 좋은 관계를 유지하기도 했다. 중국, 조선족, 한국 세 나라를 거치다 보니 전혀 다른 느낌을 받기도 한다. 56개의 민족이 같이 모여 이루어진 나라가 중국이다. 중국은 언어도 복잡하고, 사람이 살아가는 방법도 다양하다. 표준어인 보통화(普通话, pǔtōnghuà, 푸퉁화)를 쓰자고 TV에 자막으로 넣어 두기도 하고, 버스에도 광고한다. 하루아침에 표준어를 쓰기가 쉬운 일인가? 우리도 산둥 지방에 살았으니 중국어를 산둥 방언을 쓰고 있는지도 모르겠다. 산둥 지방 사투리까지 하나를 더하는 셈이니 다행이지 뭐.

영국에서 오신
프랑스계 교수님의 하루

"사람은 책을 만들고 책은 사람을 만든다"는 말이 있다. 아쉽게도 요즘은 책 읽는 사람이 예전에 비해 많지 않다. 지하철에서 책을 들고 다니는 사람은 거의 찾아보기 드문 시대가 됐다. 모든 정보를 스마트폰으로 확인하고, 주로 전자책을 읽는다. 책을 읽지 않는 우리에게 보란 듯이 책을 품고 사는 분이 왔다. 영국에서 오신 프랑스계 교수님이다. 책 읽기가 습관화돼서 아침마다 툇마루에 앉아 책을 읽는다. 아무리 피곤해도 책 읽기는 계속된다. 새가 시끄럽게 울어대도, 비가와도 늘 같은 자리에 그림처럼 앉아 있다.

며칠 동안 비가 내렸다. 하루라도 햇살이 반짝 나면 얼마나 반가운지 모른다. 우산도 말리고, 눅눅해진 물건들도 다 내어 놓아 햇살에 소독한다. 새들의 지저귐도 더 요란하다. 장맛비가 내릴 땐 어디에서 쉬고 있었을까? 교수님 부부는 장마 기간에 한국에 오셔서 장맛비 맛을 찐하게 보고 있다. 한옥에서 비를 맞으니 제대로 비를 느끼는 셈이다. 용머리 처마로 지붕 위에 모였던 비가 폭우가 되어 쏟아진다. 서울에 머무는 동안 비가 오는 날이 많아서 주로 실내에 있는 박물관들을 구경하고 다녔다. 이제 해님이 반짝 났으니 강남스타일을 구경하러 강남으로 간다. 역시 강남 오빠는 대단하다. 전혀 강남스타일에 관심이 없어 보이는 점잖은 교수님 부부를 강남으로 발걸음을 옮기게 한다.

손님으로 온 아이들이 마당에서 뛰어노는 모습을 보고 사모님이 "Beautiful!"을 외쳤다. 늘 온화한 미소를 머금고 있는 사모님의 취미는 그림 그리기다. 그린 그림이 궁금해서 좀 보여달라고 부탁을 드렸더니, 휴대폰에 저장해둔 사진을 보여준다. 주로 초상화를 그리셨는데, 유명작가의 그림인 줄 알았다. 사모님은 우리 집 가보인 유진이 그림(금영보 작가님과 박인옥 작가님이 그려 주신 작품)을 유심히 본다. 사진으로 담아도 되냐고 묻는다. 역시 그림을 그리는 분이라 허투루 넘기지 않는다.

아침 식사를 대청마루에서 하도록 했다. 마루에 들어서자마자 천장의 대들보가 멋있다고 찬찬히 바라본다. 몇백 년의 세월을 지내온 소나무다. 춘양목이라 부르는데, 주로 한옥은 이 나무로 집을 지었다. 대들보와 서까래에 관한 이야기도 더 들려드리다 보니 식탁이 더 풍성해졌다. 아무래도 아침이니 서양 분들 입맛에 맞는 퓨전 음식을 드리고, 한국식 짠지류도 죽과 함께 드렸다. 혹시 몰라 포크도 젓가락 옆에 놓아두었다. 포크는 쓰지 않고 젓가락만 쓴다. 젓가락 사용도 문화를 배우는 거니까 배워 보겠다고 한다. 마음이 예쁘다. 한국식 밥 먹는 순서를 차근차근 설명해주었다.

"먼저 입을 축이기 위해 국을 한 스푼 떠 마셔요. 그리고 밥을 한 숟가락 먹고, 반찬을 한 젓가락 먹어요. 국은 목이 마를 때마다 한 숟가락 떠서 마시면 됩니다."

밥과 반찬을 천천히 씹으며 맛을 음미한다. 맵고, 짠 정도를 밥과 반찬의 양으로 조절한다. 무심코 먹어온 밥상인데, 밥 먹는 일에도 지혜가 필요함을 깨닫는다. 수저를 번갈아 사용하면서 밥 먹는 일만으로도 여러 가지를 배울 수 있다. 매번 그릇이 남은 것 없이 깨끗하다. 혹시라도 맛이 없거나 배가 부르면 남겨도 된다고 말씀을 드렸지만, 김치 그릇까지 싹 비운다. 일본 사람들처럼 싹싹 다 비웠다. 일본 분들은 음식을 남기는 것은 예의가 아니라고 생각해서 음식을 거의 남기지 않는다. 물론 음식의 양도 처음부터 많이 담지 않는다. 남기면 다시 두었다가 먹기도 어렵고 버리기도 아까운 경우가 많다. 적당량을 보기 좋게 담는 것이 일본 음식문화다. 요즘같이 먹을 식량이 풍족한 시대에 음식을 조금만 드린다고 속으로 욕할 사람은 거의 없다. 끼니때 몸에 영양을 공급할 정도로 적당한 양의 음식을 맛있게 먹는 게 중요하다. 건강을 위해 소식하고, 바른 먹거리를 찾아 먹어야 함은 물론이다.

유럽은 한 문화권인 듯 국적은 다르지만, 이웃 나라에 가서 사는 사람들이 많다. 언어도 영어로 소통하니 별문제가 없다.

국적을 따지면서 차별을 거의 안 하나 보다. 젠틀한 두 분의 생활 태도는 도대체 어디에서 배웠을까. 몸에 밴 매너와 세련됨에 늘 기가 죽는다. 책에서 얻은 지식의 영향을 받아서 그런 걸까. 나도 툇마루에 앉아 읽을 책을 골라봐야겠다.

엽서와 손편지로
느리게 소통해요

정성이 담긴 손편지와 엽서는 한옥과 어울리는 정서다. 어릴 적에 손편지와 엽서를 써 보기는 했다. 이제는 문자와 이메일로 간단하게 알릴 용건만 남기는 세상이다. 그런데 아직도 일본 분들은 엽서를 즐겨 사용한다. 한국에 와서도 여행지에서 느낀 감성을 엽서에 담아 보내고 싶어, 엽서를 어디에서 사야 하냐고 묻곤 한다. 인사동에 가야 조금 특별한 엽서가 있을까, 보통 문방구에서는 예쁜 엽서를 발견하기 어렵다.

이시무라(石村) 선생님은 한국에 올 때마다 몇 달 전부터 엽서로 예약하곤 한다. 엽서에 글을 써서 예약하는 방법은 예약만을 위한 목적이 아니다. 배운 한국어를 삐뚤삐뚤 써서 한국어 연습도 하고, 엽서 문화도 이어간다. 유진하우스에 오는 기쁨을 먼저 보내오는 셈이다. 얇은 한 장의 보통 엽서다. 빨간 우체통에 쑥 떠밀려 들어가기도 한다. 이런저런 홍보물 속에 파묻혀 있다. 작은 엽서가 눈에 띄기가 쉽지 않다. 때로는 보통의 우편물에 끼어서 며칠을 잠자다가 발견되기도 한다.

한 번은 엽서보다 손님이 먼저 왔다. 전화로 다시 확인하기도 하지만, 엽서로 연락을 했으니 당연히 알고 있겠거니 했단다. 우체통에 가 보니 잠자고 있는 엽서가 하나 있다. 요새 누가 예약을 엽서로 하나? 재미있는 생각이다. 이제는 엽서가 와 있나 싶어 우체통도 살핀다. 엽서와 편지로 안부를 묻기도 한다. 그럴 때마다 나는 전화밖에 못 드린다. 서툰 한글로 보내 주는 편지와 엽서가 얼마나 귀하고 감사한지 모른다. 유진이가 엽서에서 맞춤법이 틀린 부분을 찾아내곤 했는데, 이제는 한국어 실력이 늘어서 틀린 곳이 거의 없다.

일본은 종이와 먹을 비롯해 카드, 엽서, 필기구 등 특별한 문구류를 파는 큐쿄도(鳩居堂)가 있다. 1663년에 생겨 지금까지 변함없이 전통을 이어간다. 교토(京都)가 본점으로 350년 역사를 자랑한다. 일본은 느림의 가치를 안다. 엽서로 예약하는 손님 덕분에 일본의 고케데라(苔寺)를 참관하는 방법을 관심 있게 보고 있다. 이끼정원으로 알려진 고케데라(苔寺)는 1200년 역사를 가진 사이호지(西芳寺)의 별칭이다. 뛰어난 정원가이며 선승

(禪僧)으로 유명한 '무소 소세키(夢窓疎石)'의 숨결이 스며 있다. 동양 철학과 미학에 심취해 있던 스티브 잡스도 들렀던 곳이다. 예약 방법이 우편 신청 하나뿐이다. 그래서 오랜 시간을 기다려야 답을 받을 수 있다. 21세기 디지털 시대에 그들은 오랜 전통을 지켜 간다. 빠름을 추구하는 시대에 이해하지 못할 모습 중 하나다. 합리적이고 실용적인 서양인들조차 반한다. 그렇기에 더 매력 있는 문화다.

유진하우스 예약 방법도 이렇게 바꿔 볼까나? 요즘은 예약사이트에서 바로 예약하고 결제하는 시스템을 선호한다. 하루 이틀 뒤 메일을 확인하고, 전화로 일일이 대답해주는 시대는 지났다. 모바일 앱으로 예약이 실시간으로 이루어진다. 이런 시대에 유진하우스에 오려면 적어도 6개월 전에 손편지로 예약하고, 예약 상황을 손편지로 답해주는 여유를 가져 볼까? 예약이 차고 넘칠 때 가능한 이야기겠지만, 이런 날이 속히 오기를….

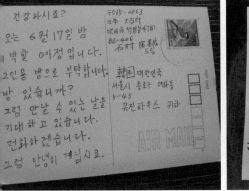

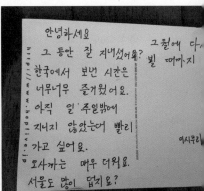

가끔 이메일과 전화를 이용하기도 하지만, 이렇게 손으로 직접 쓴 글로 세심한 마음을 전해 오실 때면 늘 감동을 한다. 일본 분들이 남을 배려하고, 최대한 예의를 지키며 살아가는 모습을 뵐 때마다 나와 내 주변의 모습을 다시 한번 돌아보게 된다.

미국 시카고에서 온 쟈니

예전에 나와 같은 회사에 다녔던 주선 씨는 결혼한 후 한국에서 좀 지내다가 남편 고향인 시카고에 가서 산다. 벌써 세 아이 세라(Sarah), 쟈니(Johnny), 폴(Paul)의 엄마다. 남동생 결혼식이 있어서 온 가족이 유진하우스에 잠깐 들렀다 가겠다고 했다. 전화로 통화만 했던 세라 언니를 직접 만난다며 유진이가 한껏 신이 났다.

드디어 기다리던 식구들이 왔다. 개구쟁이 막내 폴은 마당을 맨발로 뛰어다닌다. 함께 숨바꼭질도 한다. 유진이는 선물로 받은 예쁜 노트에 세라 언니와 함께 그림도 그린다. 둘째 쟈니 오빠는 유진이 집에서 하룻밤을 자겠다고 한다. 아이들이 좋아하는 미니 2층 방을 보여주면서 혼자 잘 수 있냐고 물었더니 그럴 수 있단다. 결국 쟈니 혼자 남았다. 아직 어려서 혼자 남아 있어도 괜찮을지 걱정이 됐다. 한옥이 신기했던 쟈니는 하룻밤을 자고 가도록 해줘서 고맙다고 인사를 한다. 서툰 한국어로 표현하다가 영어로 마음의 표현을 찐하게 한다.

쟈니는 미국 사람인 아빠를 따라 미국 문화권에서 자랐지만, 한국 사람인 엄마에게 한국 문화를 잘 배웠다. 인사성도 바르고 예의 있다. 11살 남자아이인데도 얼마나 싹싹한지 모른다. 부엌까지 몇 번을 오가며 자기가 도울 일이 없냐고 묻는다. 괜찮다고 했더니, 마당이라도 쓸겠다고 마당으로 나간다. 자기 집에서도 늘 하던 일이라고 한다.

"너는 그냥 놀기만 해라! 그게 네 일이야!"라고 말해주었는데도 너무 기특하다. 한국 손님들과도 자연스럽게 잘 어울린다. 쟈니는 한국 사람들 틈에서 아침밥을 같이 먹었다. 아침 준비를 하는 나에게 오더니 무엇을 도우면 될지 묻는다. 영어를 잘하니 영어 선생님이나 해주면 되겠구나! 붙임성이 좋고 배려심이 강한 쟈니 덕분에 다른 손님들도 편안함을 느끼는 듯했다.

쟈니 엄마에게 아들이 한 행동을 들려주었더니, 쟈니가 특별한 게 아니라고 한다. 쟈니 엄마는 서양 아이들이 어릴 때부터 삶을 배워가는 과정을 말해주었다. 서양 아이들은 집안일을 도우며 성장하며, 일상에서 배우는 일을 아주 중요하게 여긴다고 한다. 그래서 부모는 집안일 전체를 총괄 감독만 하고, 아이들이 작은 일을 나누어서 한다. 아이가 일을 잘하면 칭찬을 하고, 용돈을 주니 효과가 좋다. 이렇다 보니 집안일을 일이 아니라, 재밌는 놀이로 여긴다고. 이래서 어릴 때부터 들인 생활 습관이 중요한 것 같다.

요즘 우리 사회는 공부만 중요시한다. 아이들은 공부만 잘하면 다 되는 듯 집안일을 배울 겨를이 없다. 아이들이 다양한 경험을 통해 뇌의 용량을 크게 만들어 지식을 넣어야 한다. 작은 뇌에 지식을 아무리 퍼부어도 다 쏟아져 나온다. 쌓일 곳이 없다. 아이들에게 집안일을 적당히 시키고, 작은 물건이라도 함께 만들어 손과 몸을 자주 쓰도록 해야 한다. 이런 과정을 통해 가족끼리 유대감을 형성할 수 있다. 유진아, 우리도 그러자. 당장 네 할 일을 정해 줄게!

행복하게 사는 비결은 따로 있는 게 아니다. 소소하지만 확실한 행복인 '소확행'을 누리며 살면 된다. 가까이 있는 작은 행복을 찾아 만족하며 살아가는 게 현명하다. 요샌 한집에 사는데도, 가족끼리 밥도 같이 먹지 못할 때가 많다. 밥을 같이 먹는다고 '식구(食口)'라고 했다. 이제는 남들과 밥을 먹으니 그들이 식구다. 갓 지은 따뜻한 밥을 식구가 같이 먹는다. 서로의 얼굴을 쳐다보며 이야기를 나누는 작은 행복이 우리 삶에서 사라졌다. 모든 가족이 옹기종기 밥상 둘레에 모여 앉아 아침을 먹는 풍경, 저녁이 있는 풍경을 상상해본다.

Part 5

한국에서
새로운 꿈을
꾸는 사람들

한중 가교 역할에
앞장선 신문기자 청년

내가 중국 청도에 살던 시절, 중국 해양대학교 조선어
과(한국어과)에서 수업을 했다. 해양대학교는 중국 교육부 산하
종합 중점 대학이다. 그 당시 한국어와 한국 문화를 전 세계에
알리기 위해 세종학당을 세우는 일이 한창이었다. 해양대학교
에도 세종학당을 열기 위한 준비를 했다. 처음 시작하는 일이라
어려움도 많았지만, 하나하나 헤쳐 가며 세종학당 문을 열 수
있었다.

수업을 시작한 지 얼마 되지 않았을 때, 바로 이웃에 있는 청
도대학교의 한 남학생이 한국어를 배우고 싶어 왔다. 학생들과
앉아서 대화를 나누던 나를 유심히 보고 있던 그 학생이 말을
걸어왔다. 이름은 왕유이고, 한국말을 조금 할 줄 알았다. 어디

서 한국말을 배웠냐고 물었더니, 혼자 배웠다고 했다. 세종학당에 지원한 학생이 너무 많아 언제 자기 차례가 돌아올지 모른다고 난감해했다.

왕유는 외모도 우락부락하게 생겼을 뿐 아니라, 행동도 모든 면에서 적극적이었다. 그래서 무엇이든 도와주고 싶었다. 우리 가족과도 친해져서 집을 자주 오가며 계속 교류했다. 그 후 우리는 한국으로 돌아왔고, 믿을 만한 분께 왕유를 부탁하고 왔다. 얼마 지나지 않아 왕유에게서 한국으로 유학을 오고 싶다는 연락이 왔다. 집안 사정이 그리 넉넉지 않았다. 우선 숙식부터 해결하는 방법을 수소문했다. 다행히 지인의 도움으로 교회 기숙사 자리를 마련할 수 있었다. 우리 집에서 일하며 용돈을 마련하면 되겠다 싶어, 무작정 왕유를 이곳에 오라고 했다. 왕유는 정착할 자금을 조금 마련해 왔다. 그 돈이 어떤 돈인지 눈으로 직접 보지 않아도 알기에 부모님께 도로 가져다드리라고 했다. 왕유의 부모님께는 전화상으로나마 도와주는 분들이 많으니 걱정 안 하셔도 된다고 잘 말씀드렸다.

왕유가 한국에 온 지 얼마 되지 않아 우리 가족이 TV에 출연하게 됐다. KBS1 〈아침마당〉의 '웰컴 투 코리아, 웰컴 투 우리 집' 프로에 나갔다. 왕유도 함께 방청객으로 갔다. 왕유는 한국에 와서 느낀 점, 우리 집에서 생활하면서 느낀 점을 이야기해

보라는 질문을 받았다. 한국에 왔으니 TV를 좀 보고 싶었다고 한다. 그런데 유진하우스에는 당연히 있어야 할 TV가 없어서 "어처구니가 없었다"고 말해 모두가 폭소를 터트렸다. 그도 그럴 것이 왕유는 한국어가 서툴러서 겨우 의사 표현을 할 정도였는데, "어처구니가 없다"는 고급 단어를 사용했으니 방청객들이 놀라지 않을 수 없었다.

왕유는 새로운 환경에서 가치관의 혼란을 겪었다. 어렵게 생활해 온 왕유에게는 한국 학생들의 행동이 철없이 보인 듯했다. 성질은 급하고, 생활은 마음먹은 대로 되지 않아 조급해했다. 자신의 환경이 빨리 안정되지 않으니 가끔은 정말로 어처구니없는 일을 본인이 저지르기도 했다. 그래도 열심히 한국어 어학당을 다녔고, 틈틈이 대학원 진학을 준비했다. 중국에서는 체육학과를 졸업했는데, 한국에서는 정치외교학을 공부하고 싶어 했다. 평소에 알고 지내던 정치외교학과 관련 교수님들께 연락을 드렸다. 함께 만나 자문하고, 진로 지도도 받았다. 중국에서 체육학과를 나온 학력으로는 한국의 대학원에서 정치외교학과에 바로 가기는 어렵다고 했다. 왕유는 눈도 높아서 서울 시내에 있는 좋은 대학교에 가고 싶어 했다. 그러니 선택의 폭이 더 좁아질 수밖에 없었다.

우여곡절 끝에 건국대학교 대학원에서 정치외교학을 공부할 수 있게 됐다. 왕유는 학업 준비에 바쁘면서도 우리 집의 온갖 궂은일을 마다하지 않고 도와주었다. 장학금도 거의 놓치지 않고 받았다. 교수님들도 왕유를 좋게 봤는지 중국으로 출장 갈 때면 왕유를 꼭 데리고 갔다. 이제 왕유는 어느 정도 한국 생활에 자신감이 생긴 것 같았다.

어느덧 대학원을 졸업한 왕유는 인생 공부를 많이 한 듯 차분해졌다. 나이도 먹고, 세상 살아가는 이치도 많이 깨닫게 된 것 같았다. 왕유는 자기가 어렵게 한국에 왔으니 하나라도 뭔가를 제대로 이루고 돌아가고 싶다고 했다. 정치외교학을 전공했으니 NGO 쪽에서 2년 정도 일하다가 박사과정까지 하겠다고 했다. 중국에 돌아가서 대학 강단에 서고 싶다는 왕유의 꿈이 꼭 실현되기를 진심으로 바란다고 전했다. 이전에 볼 수 없었던 여유를 찾은 것 같아 마음이 좀 놓였다.

노력이 통한 걸까? 현재 왕유는 북경에서 신문기자로 활동 중이다. 특히 한류 문화예술을 통한 국가브랜드를 높이는 데 공을 세워 2017년 한류문화공헌대상, 한중 기자 부문 대상을 받기도 했다. 이제는 뒤에서 지켜보기만 할 뿐 특별히 도와줄 일이 거의 없다. 자신이 정한 목표를 소신껏 이뤄낸 모습을 볼 수 있어 감사하다.

　붉은 눈물, 노란 눈물을 다 쏟아내며, 남은 가을 단풍이 어제 내린 비와 함께 목 놓아 울어버렸다. 처음 마주친 사람들조차, 자연의 아름다움에 감탄하며 서로의 마음을 훈훈하게 나눈다. 가을에 대한 미련은 잊어버리고, 따뜻하게 겨울을 맞자고 함께 속삭인다. 왕유가 북경으로 떠나기 전날, 함께 걸었던 천국의 계단을 다시 오른다. 왕유가 4년 동안 한국에 와서 어려움을 잘 극복하고 북경으로 떠나던 날을 추억한다.

독일 학생 마누엘의
슬로라이프(Slow Life)

나이에 비해 성숙한 젊은 청년들을 종종 만난다. 독일
에서 온 마누엘(Manuel)은 프리드리히 알렉산더 에를랑겐-뉘른
베르크대학교에서 지리학을 전공하는 학생이다. 독일 바이에른
주 뉘른베르크와 에를랑겐에 있는 국립대학교인데, 1743년 설
립돼 노벨상 수상자를 3명이나 배출한 명문대라고 한다. 2년 전
에 부산대학교에서 잠시 교환학생으로 지냈다. 한국에 다시 와
서 공부할 예정이라고 하더니 그 약속을 지켰다. 일본과 한국
중 교환 학생으로 올 기회가 있었는데, 한국을 선택했다. 부산
에서 공부하다 보니, 서울에는 부산으로 가기 전에 며칠을 머물
기도 한다. 독일로 다시 돌아가기 전에 또다시 들르곤 했다. 한
국에 올 때는 유진하우스를 도착하고 출발하는 거점으로 삼는

다. 요즘 청년들이 많이 가는 홍대 쪽에 숙소를 정할 수 있을 텐데 와주니 고맙다.

마누엘은 안동 하회마을, 낙안읍성, 경주, 지리산, 설악산도 다녀왔다. 느림의 미학이 통하는 곳을 찾아다닌다. 어린 나이지만, 어른스럽다. 말도 천천히 하고, 행동도 조신하다. 여행을 떠나기 전에 챙겨야 할 준비물은 계획표가 아니라 태평함이라고 했지 않은가? 하루 일정을 물으면, 특별히 정하지 않는다고 한다. 서두르거나 조급해하지 않는다. 학생이라 아직 경제적으로 독립하지 않았을 테니 뭐든 도와주고 싶다.

외국인이 혼자 여행을 와서 혼밥하기가 쉽지 않다. 한국어가 서투니 한국 음식을 고르기도 어려울 듯해서 우리 식구와 집에서 같이 밥을 먹기도 하고, 한국 음식점에 데려가서 한국 전통 음식을 먹기도 한다. 요즘은 건강을 생각해서 고기를 잘 먹지 않는 사람이 많지만, 그래도 아직 손님 접대는 고기를 먹여야 제대로 대접을 한 듯 여겨진다. 아직 한창 자랄 청년이니 돼지갈비 정도는 먹여도 되겠지. 돼지갈비를 뜯으며 여러 주제로 대화를 나눈다.

아침 일찍 일어난 마누엘에게 성곽을 산책하자고 제안했다. 해맞이도 할 수 있다고 알려주니 기뻐하며 따라나선다. 꼭대기에 올라 서울의 어제와 오늘을 바라본다. 마누엘의 곱슬머리가 청량한 아침 바람에 흩날린다. 긴 머리 서양 청년의 모습을 사진에 담아 본다. 저녁에는 캘리그라피를 체험하는 시간을 가졌다. 삶이 늘 평온하고 여유로운 이 청년에게 제격인 활동이다. 먹을 갈면서 먹 향기도 맡아 보고, 먹을 가는 동안 마음도 집중해본다. 삶이란 무엇인지 생각해 보는 시간을 가진다. 다양하게 표현한 글과 그림을 보면, 각자 살아온 모습을 조금이나마 읽을 수 있다.

마누엘에게 삶이란 무엇인지 물었더니, "Life is good adventure. an exciting journey"라고 답한다. 인생은 모험이고, 즐거운 여행이다. 그래서 하나씩 모험하며, 인생을 즐기며 살아간다. 섬세한 청년이지만 도전 정신을 가지고 인생을 산다. 독일에는 철학자가 많다. 마누엘에게 지금도 그 영향을 많이 받고 있냐고 물었다. 철학자들의 책을 많이 읽고, 철학자들이 고민한 삶을 따라 깊이 생각하며 인생을 살아가냐고 물었더니, 꼭 그렇지는 않다고 한다. 그런데 이 청년은 철학자처럼 고뇌하며 사는 사람처럼 보인다.

부산으로 갈 때는 무궁화호를 타고 갔다. 마침 나도 서울역에 갈 일이 있어 함께 가게 됐다. 기차표 예매를 도와주었는데, 정차역과 경치를 천천히 구경하고 싶다고, 5시간 반 걸리는 무궁화호를 예매해주기를 원했다. 서울에 올 때는 고속버스를 타고 왔다.

시간을 다투며 급하게 오고 갈 일이 없는데도, 요즘은 비싼 요금을 내고 KTX를 타게 된다. 좁은 나라에서 아무리 시간이 걸려 봐야 5시간 이내로 웬만한 곳은 다 갈 수 있지만, 더 빠른 여객 수단만을 고집한다. 기차 창가로 보이는 풍경을 여유롭게 바라보는 여행도 또 다른 재미가 있다. 창밖으로 펼쳐지는 산천이 계절마다 얼마나 아름다운지 모른다. 해외여행도 좋지만, 국내를 열심히 돌아다녀도 끝이 없을 듯해서 전국을 구석구석 제대로 돌아다니고 싶다.

마누엘은 느림을 즐길 줄 아는 젊은이다. 자신이 주인이 되는 삶을 잘 채워가는 청년에게 한 수 배웠다.

한일역사 바로 잡기를
사비로 실천해요

누가 뭐래도 한일역사는 바로 세워지리라 믿는다. 한일역사를 바로 세우기 위해 시간과 돈 그리고 나머지 인생을 바치는 사람이 있다. 일본 중고등학생들에게 사회와 역사를 가르쳐 온 오오까(相可大代) 선생님이다. 일찍이 한일역사의 문제점을 파악하고, 한일 교과서 문제와 한일역사 바로 세우기를 위해 자원봉사를 해 왔다. 퇴직 이후에는 오로지 이 일에 전념하려고 한국에 장기간 머물며 한국어를 배웠다. 한국어를 공부한 목적도 한일 간 모여 회의할 때, 한국어를 정확하게 알아듣고, 대화하고 싶어서다.

목적이 뚜렷하면 아무리 어려움이 있어도 무슨 일이나 하게 되지만, 한일 간 문제를 바로 세우기 위해 이리 헌신하고 있으니 얼마나 감사한 일인가? 무엇이든 뒤에서 조금이라도 도움이 돼 드리고 싶은 마음이 솟는다. 선생님은 일본인들에게 한국어를 가르치고, 한일관계 개선을 위한 강연도 하신다. 일본 사람들은 자신의 신념이나 뜻을 남에게 잘 밝히지 않는다. 그런데도 한일역사의 문제점을 제대로 알리는 일에 솔선수범하는 걸 마다하지 않는다.

한국에 오가며 수많은 관련 자료와 책을 갖고 다니느라 여행가방이 늘 무겁다. 한국에 와서도 회의와 세미나 참석 등 바쁜 일정을 소화하느라 피곤할 법도 한데, 힘든 내색이 없다. 이번에는 뜻을 같이하는 선생님들과 한국을 방문해서 한일역사 관련 역사탐방을 했다. 한일관계가 악화돼 양국을 왕래하는 사람들이 줄어들자 비행기 스케줄의 변화도 잦고, 아예 없어지기도 했다고 한다. 그렇지만 이럴 때일수록 한국을 방문해야 한다고 하면서 오셨다. 선생님이 된 지 2년째인 24살 젊은 선생님도 같이 왔다.

젊은 선생님도 한일역사 세우기에 관심이 있으니 한일 문제를 바로 세워가는 일이 계속 이어가리라는 믿음이 생긴다. 식민지역사박물관, 서대문형무소역사관, 전쟁과여성인권박물관, 오두산 통일전망대 방문 등 2박 3일의 일정이 빠듯했다. '전쟁과여성인권박물관'을 지을 때는 기부금도 냈다. 한국에 대해 사죄하는 마음을 어떤 식으로든 표현하려고 물심양면으로 애써 왔다.

우리 집에 손님으로 온 학생이나 한일역사에 관심 있는 사람들과 만나게 될 경우가 있다. 그러면 무엇이 잘못됐는지를 이야기해 달라고 부탁드리게 된다. 독도 문제도 확실한 근거를 대며 정확하게 짚어 준다. 일본 정부가 무엇을 잘못하고 있는지를 잘 알고 있고, 그것에 대해 항상 미안한 마음을 가지고 있다. 개인이라도 나라를 대신해서 이리 수고를 아끼지 않으니 그저 감사할 뿐이다.

한국을 오가는 동안 우리 집에 머물러서 우리는 한 식구가 돼 버렸다. 유진이와 같이 한국어 공부도 하고, 쉬는 날은 함께 맛있는 것도 먹고, 이제까지 살아 온 이야기들도 나누면서 서로를 점점 알아갔다. 유진이와 나도 선생님이 한국어를 잘할 수 있도록 최대한 도움을 드렸다. 유진이와 선생님은 저녁마다 함께 공부했다. 유진이가 학년이 올라갈수록 좋은 한국어 선생님이 되어주니 좋다고 하셨다. 유진이에게 일본인들이 발음하기 어려운 발음 교정도 받고, 숫자 등 어려운 듣기 연습도 했다.

선생님은 성균관대학교 어학당에서 한국어 공부를 시작했다. 나이를 잊고 젊은이들과 어울려 마지막 수업까지 잘 마치고, 아주 좋은 성적을 받았다. 한국어 능력 4급도 따기 어려운데, 한국어 능력 시험 6급을 통과했다. 우리 집에 플랜카드라도 걸어야 할 경사였다. 요즘 젊은 학생들도 몇 번씩 시험 쳐서 겨우 통과하는데, 선생님은 6개월 동안 공부해서 목표를 성취했으므로 모두가 놀랐다.

한국을 수없이 오가며 맺은 지인들과의 약속으로 한국에 머무는 하루하루가 바쁘다. 한국 영화, 연극, 전통공연을 보며 한국을 더욱 깊이 이해하려 한다. 한국 배우들의 캐릭터도 정확하게 파악하여 어느 배우가 주인공으로 무대에 서는지도 꼼꼼히 따진다. 비싸더라도 제일 좋은 좌석에 앉는다. 한국의 예술 수준을 높이 평가한다. 일본에서도 한국 영화나 드라마를 꼭 챙겨 보신다.

방학 때는 동료 선생님과 1년에 한두 차례는 같이 여행을 한다. 유진하우스를 시작한 직후부터 알게 된 일본의 현직, 퇴직 선생님들이다. 일본은 새 학기가 4월에 열려서 봄방학, 겨울방학 즈음에 꼭 한국으로 여행을 오신다. 역사적 의미가 있는 지방에 이틀 정도, 그리고 서울에 며칠간 머물다가 가시곤 한다. 유진하우스를 아지트로 삼고, 몇 분의 선생님들이 더 오시거나, 덜 오시기도 한다. 이제는 그러한 그룹이 자꾸 더 늘어나서 또 다른 분이 한 그룹을 만들어서 오기도 한다. 일본에서는 바빠서 서로 잘 만나지 못하다가, 여행을 계기로 유진하우스가 만남의 장소 역할을 대신하고 있다.

한국어를 잘하는 분들이 몇 분 계셔서 지방도 알아서 잘 다니신다. 경주 양동마을에도 들러서 양반의 삶을 구경하고 왔다. 한국의 전통을 찾아서 우리보다 더 샅샅이 뒤진다. 나에게 오히려 여러 가지 정보를 알려 주기도 한다. 과거 역사의 현장을 직접 가서 보고 느끼며 한국 근현대사를 더 확실히 배우신다. 전주에 갔을 때는 유서 깊은 한옥, 학인당에 이틀을 머물면서 전주 한옥마을과 향교 등을 돌아봤다. 전주 한옥마을이 예전과 많이 달라졌다고 안타까워했다. 보통은 한국에 오기 오래전부터 미리 계획을 짜서 알려 주신다. 이왕이면 역사의 흔적이 남아 있는 곳을 찾아서 숙소를 물색하고 예약을 도와 드린다.

일본 분들은 여행계획도 미리 세워 적어도 3개월 전에 예약한다. 심지어는 1년 전에 예약하기도 한다. 그래서 한국의 예약 문화에 일본 분들은 난감해한다. 단체 여행인 경우는 모든 일정을 일찌감치 예약하고 책임자가 답사까지 한다. 1년에 한두 차례 한국의 숨은 곳곳을 샅샅이 뒤지고 다니며 역사탐방을 한다. 그래서 그 장소가 간직한 한국 역사를 우리보다 더 잘 아는 곳도 많아진다. 서울에서는 한양도성 둘레길을 오른다고 도시락도 준비한다. 보통 걸음으로 2시간 정도 걸리지만 4~5시간 정도를 잡아서 여유롭게 구경한다. 우리 집 뒤에서 출발해서 말바위, 숙정문을 거쳐 창의문까지 간다.

선생님이 하는 일은 너무도 정확해서 모든 질문에 "はい!(하이, 네)" 하면 된다. 우리 집에 숙박을 위해 메일을 보내온다. 군더더기 없는 깔끔한 문장이다. 이미 궁금해할 내용을 다 알아서 알려 오시기 때문에 할 말이 없다. 집에 머무는 동안 필요한 것도 미리 말해주신다. 원하는 것만 챙겨 드리면 더 신경 쓸 일이 없다. 아주 깔끔한 성격이다. 한일역사를 바로 세우는 문제도 그 깔끔한 성격에 틀린 부분에 대해서는 자신의 나라여도 용납이 안 되는 듯하다. 문제점을 발견하면 바로 세우고 싶어 하신다.

사람이 관계를 맺는 유형은 여러 가지다. 둘 다 깔끔한 성격이면 성격에 맞게 일 처리도 잘된다. 한쪽만 정확한 성격이면 다른 사람은 뒤만 따라가도 별문제 없이 일이 잘 해결된다. 선생님과 나와의 관계는 후자다. 선생님은 나이도 연배이지만, 세상을 사는 지혜가 많다. 함께 많은 시간을 보내다 보니, 서로 눈빛만 봐도 무엇을 원하는지 대충은 파악할 수 있게 됐다.

살다가 어려움을 겪을 때 선생님께 의논을 드리면, 문제를 정확하게 짚어 낸다. 그리고는 언제나 용기 있는 선택을 하도록 격려해준다. 내가 힘들어 보였을 때는 일본에 돌아가서 다시 전화를 걸어온다. "우리는 친구다. 무엇이든 함께 하면 된다." 늘 큰 힘을 얻는다. 한일역사를 우리가 다시 써 갈 테니, 아무도 간섭 마시라!

폴란드에서 온 게임 개발자

페이스북에 자신의 전 인생 중 최고의 게스트하우스라고 유진하우스를 소개한 마르친(Marcin)은 게임 개발자다. 폴란드에서 왔다. 한국에 온 목적 중 하나는 영등포구 인디아트홀에서 열리는 실험 게임 축제인 '아웃 오브 인덱스'에 자신의 작품을 출품하기 위해서다. 7개국에서 온 12개의 작품 중 하나가 보헤미안 킬링(Bohemian Killing)이다.

보헤미안 킬링이라는 게임을 3년에 걸쳐 혼자 직접 개발했다. 좋은 스토리상을 비롯한 6개의 상을 받았을 정도로 평가가 높은 게임이다. 게임의 배경 스토리를 책까지 써서 출판했다. 프랑스 대혁명의 역사적 배경을 기반으로 한 셜록홈스류의 추리소설과 같다. 게임을 하다 보면, 창의적이며 논리적인 사고도 생기게 된다고 한다. 이런 게임은 찾아서라도 좀 하라고 권장하고 싶다.

그는 독학으로 컴퓨터 프로그래머, 그래픽 디자이너, 게임 개발자가 되었다. 경제학을 전공한 변호사 자격까지 소유한 청년인데, 대학에서 게임 개발 강의도 하게 된다고 한다. 일본의 게임엑스포, 토론토 게임엑스포에도 초대되었다. 보헤미안 킬링이 유럽과 미국에는 이미 좀 알려진 상태고, 일본에서는 일본어로 출시되었다. 한국에서도 출시하고 싶어 한다.

그동안 나는 게임에 대해 잘 알지도 못하면서 긍정적인 부분보다는 부정적인 면을 더 많이 보려고 했다. 게임을 하면서 기분전환도 하고, 스트레스를 푼다 등 아무리 좋은 이유를 대더라도 "그래도 게임을 하는 일은"이라며 게임에 대해서는 인색했다. 그런데 폴란드 청년이 게임에 대한 나의 편견을 확 날려 주었다. 그가 한국에 머무는 동안 앞으로 게임 개발에 도움이 될 만한 체험을 하도록 도와주었다. 보헤미안 킬링 작품의 표지 글이 특별해 보였다. 영어든 일본어든 한국어든 앞으로 다른 나라 언어로 작품을 출시하려면 캘리그라피로 표현해보는 것이 좋을 듯했다. 마침 내가 배우고 있는 캘리그라피 수업에 같이 참여해 보겠느냐고 물었더니, 기꺼이 응해서 캘리그라피 수업도 함께 갔다. 청아 김미정 선생님께서 다양한 형태의 캘리그라피를 선보이며 작품에 응용할 수 있도록 안내해주었다. 서로에게 좋은 일들이 많이 생길 듯하다. 자신이 도울 수 있는 일은 적극적으로 도와주겠다고 한다.

바쁜 일정이었지만, 유진이가 다니고 있는 유스팟 아트스쿨에도 기꺼이 가서 자원봉사로 수업을 해주었다. 일산과 파주의 경계에 있어서 오가는 시간만도 4시간은 족히 들었다. 게임에 관심이 있는 아이들은 물론 다른 전공을 준비하는 아이들도 모두 함께 수업을 들었다고 한다. 외국에서 오신 분이 특별한 수업을 해주셨으니 재미있을 수도 있겠지만, 모두에게 유익한 시간이었다고 한다. 유스팟 선생님께서도 좋은 분이 오셨다고 감사를 표했다.

그는 우리 집에 돌아와서도 게임을 좋아하는 이웃 아이들과 대화 시간을 가졌다. 주제가 게임이다 보니 아이들의 입에서 영어가 저절로 나온다. 아이들은 역시 자신이 좋아하는 것을 해야 한다. 평소에 영어를 잘하지 않았는데, 갑자기 영어로 대화가 되니 말이다. 게임을 하기만 좋아하지 말고, 게임을 개발하는 사람이 되면 어떨까? 게임에 정신이 팔려 게임 중독에 걸린 아이들은 부모와 늘 싸우기 일쑤다. 그래서 덕업일치라고 관심사가 직업이 되면 좋을 듯해서 그에게 조언을 구했다. 폴란드에서 강의한다고 하니 그곳으로 유학을 보내도 되냐고 묻기도 했다. 영어로 수업하지 않고 폴란드어로 수업하므로 폴란드어부터 배워야 한다고 했다. 그래도 열심히 배우러 가는 아이들이 있으면 좋겠다는 생각이 들어서 폴란드 생활비와 학비 등을 살펴보기도 했다. 나만 이렇게 관심을 보이면 뭐 하노?

　유진이가 그래픽디자이너가 꿈이고, 간단한 게임을 만드는 중이라고 하니까, 자신의 게임에 관해서도 설명을 해주고, 여러 가지로 도움을 주었다. 듣던 나도 게임을 하고 싶을 정도였다. 막상 직접 개발한 게임은 어떻게 하는지 궁금해졌다. 그가 우리에게 비밀코드를 알려주어 그의 게임을 무료로 할 수 있게 됐다. 게임 구매 가격은 14,000원 정도라고 한다. 게임 소유권을 가지고 있으니 잠을 자는 동안에도 돈을 버는 사람이다. 그런 비즈니스를 하고 싶은 사람들이 많은데, 젊은 나이에 게임을 개발했으니 어찌 보면 참 부러운 인생이다. 결혼도 한국 여성과 하고 싶다고 하니까, 주변 사람들을 눈여겨봐서 어울릴 분이 있는지 살펴봐 주세요.

전통혼례 잔치마당

네덜란드로 입양되어 간 두 남녀가 한국에서 다시 만났다. 신부는 한국어를 공부하고, 신랑은 직장 생활을 하다가 서로 알게 되었다고 한다. 요즘 결혼식을 하려면 하객이 200명 혹은 적어도 100여 명 이상은 되어야 한다. 둘의 사정이 이렇다 보니 한국에서 결혼식을 올릴 곳이 마땅치 않았다. 친구가 걱정하던 나를 보더니, 유진하우스에서 의미 있는 혼례를 소박하게 해보는 건 어떻겠냐고 덜컥 제안했다. 혼례가 있기 몇 달 전부터 예비 신랑 신부와 서로 의논했다. 처음 하는 일이라 여기저기 물어가며 하나하나 혼례 준비를 시작했다.

우리 집에 있는 한복을 예식복으로 정했다. 가장 어울리는 한복을 찾아서 입혀봤다. 결혼식이니 좀 화려해 보이는 궁중 한복을 입자고 했더니, 신부는 그 당시 평민들이 입던 소박한 한복을 입겠다고 한다. 성균관의 집례 선생님, 주모, 사진, 전통음악 담당, 음식 등등 모든 것을 준비하느라 힘이 좀 들었다. 처음해 보는 일이기도 하고, 인생의 대사인 혼례다. 더구나 입양 갔던 분들의 혼례식이라 더욱 책임감도 무거웠다. 마치 내가 양가의 부모가 된 듯 이쪽저쪽 일들을 조율하고 준비하느라 더욱 신경 쓸 일이 많았다. 인터넷을 뒤져가며 꼭 필요한 초례상 차림도 준비했다. 집에 있는 재료들을 최대한 활용했다. 최소비용으로 간소하면서도 최대한 멋있는 혼례식을 만들어야 했다. 혼자 동분서주하느라 시간이 빨리 갔다.

정작 혼례식 날, 아주 큰 일을 벌인 것 같아 겁이 좀 나기도 했다. 예식은 오후에 있었다. 혹시라도 잊은 건 없는지 이른 아침부터 식 준비를 점검했다. 멍석을 펼치고 병풍을 둘러쳤다. 마당 한가운데 초례상을 차렸다. 동편에는 대나무, 서편에는 소나무를 놓고 각각 굽이 있는 놋그릇에 밤, 대추, 콩, 붉은 팥을 담았다. 촛대에는 청초, 홍초를 꽂았다. 대나무와 소나무는 곧은 절개를 지킨다는 의미로 올리고, 밤과 대추는 장수와 다남의 의미를 가진다. 동편 서편에 신랑 신부가 서도록 자리를 펴고, 작은 술상과 손 씻는 놋대야도 마련했다. 초례 상차림과 모든 준비는 집례 선생님과 주모, 인터넷의 도움을 받았다. 하나하나가 내게는 새로운 공부였다.

　신랑 신부가 예쁘게 한복과 혼례복을 겹쳐서 차려입었다. 화장은 신부 친구들이, 헤어는 우리 조카가 올림머리를 해주는 등 모든 것을 우리 손으로 했다. 네덜란드에서 오신 신랑 신부의 양어머니와 친구들에게도 예쁜 한복을 입도록 했다. 두 어머니는 처음 입어 보는 한복이지만, 혼례 때는 한복을 입는다고 했더니 모두 즐거워하며 한복을 입는다. 예쁜 모습을 사진으로 남겼다. 신랑 어머니는 주로 남색 계열의 한복을 입어야 한다고 말씀을 드렸는데도 멋쟁이라서 비슷한 계열인 보라색으로 입겠다고 한다. 조금 화려하게 보인다. 신부 어머니는 여느 결혼식에 맞게 분홍계열의 한복을 입었다.

　손님들이 하나둘씩 들어왔다. 친구들이 더 온다고 연락이 와서 정해진 시간을 조금 늦춰 혼례를 시작했다. 집례 선생님의 지시에 따라 기럭아비가 기러기를 싸서 들어 왔다. 유진이가 청사초롱을 들고 신랑 신부의 앞장을 서서 마당에 들어왔다. 양편으로 자리를 잡았다. 신랑 신부 어머니가 청홍색의 초에 불을 밝힌다. 신랑 신부가 맞절하고, 의례 순서에 따라 집례 선생님의 인도로 차근차근 진행했다.

　예전에 장구를 배웠던 선생님께 축가를 불러 달라고 초대했다. 판소리를 구성지게 잘 불렀다. 춘향가의 일부를 불렀는데, 신랑 신부와 구경꾼 모두를 깜짝 놀라게 했다. 아주 신명 나서 어깨가 저절로 들썩여졌다. 혼례식 자체가 너무 재미있어 나도 구경꾼이 돼서 넋을 잃고 혼례 잔치를 구경했다. 그동안 준비하고 진행하느라 긴장했던 마음이 확 풀렸다. 흔히 참석해 왔던 결혼식과 다른 분위기를 느끼며 잔치마당 혼례의 색다른 느낌을 즐겼다.

    네덜란드 양어머니가 감사하다고 네덜란드 전통 신발을 포함해 몇 가지 선물을 들고 왔다. 전통 신발에 Eugene house라고 새겨왔다. 특별 주문을 했나 보다. 정성스러운 선물을 들고 혼례식이 있기 며칠 전에 먼저 왔다. 하객 답례품도 신부 어머니가 준비해 왔다. 직접 예쁘게 포장한 초콜릿과 사탕을 참석한 하객들에게 감사의 마음을 담아 나눠주었다.

    신랑은 다행히 한국에 계신 친아버지를 찾았다. 친아버지는 아내가 일찍 세상을 떠나 어쩔 수 없이 아들을 입양 보냈다고 한다. 혼례식을 꼭 올려 주고 싶어 노심초사 애를 쓴다. 아들에게 빚진 기분으로 평생을 살아왔다. 그리 넉넉한 살림은 아니지만, 혼례비용을 다 지불하고 싶다고 한다. 최소한의 비용으로 혼례를 준비했다고 말씀드리니, 신랑 아버지는 혼례비용이 너무 적게 들었다고 깜짝 놀라며 기쁜 마음으로 기꺼이 지불한다. 처음으로 아버지 노릇을 했다고 뿌듯해한다. 혼례비용을 적게 들여 준비하자고 해도 부담스러워했던 신랑 신부의 어깨를 조금이나마 가볍게 해주었다.

어려운 시절, 많은 아이들이 다른 나라로 입양 가서 제대로 적응하지 못해 힘들게 살아간다는 이야기를 들었다. 다행히 좋은 부모를 만나 잘 자라서 이렇게 새 가정을 꾸리니 얼마나 좋은 일인가? 가슴이 찡하다. 신랑의 형제와 친척들이 참석했고, 신부는 아직 한국의 부모를 찾지 못해 친한 친구들이 네덜란드에서까지 먼 길을 마다하지 않고 왔다. 처음에는 하객이 40여 명이 모인다고 했는데, 거의 70명 정도 모였다. 누구의 혼례식보다 화기애애하고, 아름답고, 의미 있는 잔치였다.

전통혼례는 모두가 함께 참여하는 혼례식이다. 한국말이 서툰 예비부부 덕분에 혼례를 진행하는 동안에 조금의 실수도 있었다. 그런 모습조차 모두의 웃음을 자아내게 했다. 신랑 신부는 네덜란드에서 오신 부모님을 모시고, 우리나라 몇 군데를 함께 돌아보며 신혼여행을 대신했다. 새 가정을 이루어서 행복하게 잘 산다고 연락도 오고, 더 넓은 집으로 이사했다는 소식도 들려오니 그저 감사할 뿐이다.

　서양 결혼식 풍조에 밀려서 전통혼례가 여러 가지 이유로 사라져가는 것이 안타깝다. 다행히 요즘은 가까운 가족과 지인들만 모여 혼례를 올리는 스몰 웨딩이 유행이다. 전통혼례로도 하면 좋겠다. 의미 있는 전통혼례를 유진하우스 마당에서 아름다운 잔치로 벌여가려고 한다. 한옥혼례로 우리 잔치를 다시 재연해보고 싶다.

Part 6

내가 만난
가장 특별한
세계인들

유명 아티스트 유튜버
아만다

아만다(Amanda)는 캐나다 토론토에 살고 있다. 'AmandaRachLee'라는 캘리그라피와 저널링(calligraphy & journaling)을 소개하는 유명 유튜버다. 유튜브 팔로워 수는 약 183만 명이고, 인스타그램은 약 67만 명이다. 앞으로도 더 늘어날 것이다. 워낙 재능이 많은 아티스트이기도 하고 훌륭한 노래 실력도 유튜브를 통해서 보았다. 유명 유튜버가 처음 한국에 방문하는데, 일정이 짧아서 당일 캘리그라피 체험을 할 수 있냐고 Airbnb를 통해 문의가 왔다. 마침 그날이 일본에서 17분의 손님이 오기로 해서 모든 체험 프로그램을 쉬기로 한 날이다. 오전에 잠시 캘리그라피 체험을 해야 하나? 다른 곳에서 캘리그라피 체험을 할 수 있을 텐데, 우리 집에서 하겠다는 그 마음이 너무도 고맙다. 원래 캘리그래퍼로 활동 중인 아티스트인데 나보다 더 잘하면서 뭘 배우려고 하나? 내가 도리어 배워야 하는데 말이다.

수많은 팔로워들에게 보여 줄 동영상을 촬영한다고 해서 조금 부담되기는 했다. 어설픈 선생이지만, 조금이라도 도움이 될까 하여 수업을 진행했다. '호주사라'라는 유명 유튜버 친구도 함께 왔다. 아만다도 한국말을 조금 하는데, 이 친구는 한국말을 매우 잘한다. 둘 다 한국에 대해 관심이 많았다. 유명 유튜버라서 촬영 장비가 대단할까 싶었는데, 아주 소박한 카메라 두 대와 휴대폰뿐 특별하지 않았다. 아만다가 올린 유튜브 영상을 가끔 찾아서 본다. [외국인 한국에서 전통 서예 체험하기(호주사라와 함께)]라고 한국어 제목으로 영상을 올려 유진하우스를 소개해주었음은 물론이다. 영상에서 본 모습보다 실물은 훨씬 작고 귀여웠다. 아래와 같이 한국어로 정성스럽게 후기를 남겨 주었다.

비공개 후기: 선생님! 시간 내주셔서 정말 고마워요! 우리는 수업을 너무 좋아해요!

아만다는 한국어로 메시지도 보내온다. 성이 Lee여서 혹시 한국인 2세? 아버지가 한국인인가 했는데, 중국계 캐나다인이다. 유튜버가 되기 위해서 특별한 콘텐츠를 매 순간 만들어간다. 창작물을 계속해서 만들어내기가 어디 쉬운 일인가? 방송국에서 여러 명이 하던 일을 혼자서 기획하고, 촬영하고, 편집한다. 그런 다음 세상 사람들에게 심사를 받는다. 여러 가지 재능을 타고난 것 같다. 유명 아나운서처럼 목소리도 예쁘고 진행도 자연스럽다. 그녀는 역시 프로다. 촬영과 편집 실력도 뛰어나다. 유명해지는 데는 다 이유가 있다.

나도 한때 유튜브를 시작했었다. 유진하우스 소개도 하고, 일본어로 한국어 강좌도 했다. 준비하는 시간도 오래 걸렸다. 어리바리한 초보자라 촬영도 미숙했다. 프로의식도 부족했다. 나이가 들어서 그런지 생각만큼 쉬운 일은 아니었다. 이 책을 준비하면서 '유진하우스TV'라는 이름으로 다시 유튜브를 시작했다. 잘하는 젊은이들에게 조언을 받아야지. 요즘 아이들의 꿈은 동영상 크리에이터라고 한다. 나도 그 틈에 슬쩍 발을 담가 본다. 나도 과연 유명 유튜버가 될 수 있을까? 기대해주시라!

동갑내기 호주 동물학자

2017년 한반도 전쟁설이 세계로 퍼졌다. 호주에 사는 동물학자인 샌디 롭 박사(Dr. Snadi Robb)가 빨리 자기 집으로 오라고 메시지를 보내왔다. 나와 동갑인 65년생이다. 자녀 3명을 잘 기른 박사는 아들과 함께 우리 집에 묵은 적이 있다. 정작 한국에 사는 우리는 전쟁설에 대해 무감하다. 우리 가족만 살겠다고 호주로 선뜻 나서지지 않았다. 일본에 원전 사고가 났을 때 일본에 사는 지인들에게 우리 집으로 오라고 연락을 했던 적이 있다. 그런데 이제는 거꾸로 내가 위험에 처했으니 빨리 피신하라고 연락을 받는다.

우리는 나이가 같아서 금방 가까워졌다. 서울 성곽 자락을 돌며 많은 이야기를 주고받았다. 산책 코스를 안내하면서 아침마다 새롭게 보이는 자연을 보여주었다. 자연 그대로 남겨지면 더 좋을 자연에 대해서도 대화를 나누었다. 관심사나 가치관 등 우리끼리 통하는 것이 많았다. 한국의 역사, 종교 생활상에 관해 묻는다. 아버지는 가톨릭, 어머니는 기독교 신자라 마찰이 조금 있었다고 한다. 가까운 이웃 나라 중국, 일본도 들춰보고 묻는다. 더 깊이 있는 대답을 해주지 못해 안타까웠다. 해박하지 못함과 짧은 영어 실력이 아쉬울 뿐이었다.

길을 가다가 작은 질그릇을 발견한다. 질그릇 조각에 쓰인 달 월 자를 보고는 무슨 뜻이냐고 묻는다. 아직도 하늘에는 달이 하얗게 남겨져 있다. 저 달을 상형문자로 표현한 것이라고 말해주었다. 수많은 사람들이 길을 오가는 동안 아무도 관심을 주지 않았던 사기 조각을 귀하게 여긴다. 혹시라도 마음에 들면 한국에 온 기념으로 가져가도 되지 않겠냐고 물었더니, 남들의 즐거움을 위해서 그냥 남겨 두고 싶다고 한다. 남들이 잘 볼 수 있을 자리에 둔다. 누가 조그맣고 깨진 사기 조각을 관심 있게 봐줄까? 우리는 내 눈에 좋아 보이면 모든 것을 소유해야 내 것인 줄 아는데, 남들을 위해 남겨 두는 마음 씀씀이에 놀랐다. 작은 사기 질그릇에 새겨진 글을 발견한 눈도 보석이고, 다른 사람들을 배려하는 마음이 보석 중의 보석이었다.

운 좋게도 청설모를 두 번이나 발견했다. 동물학자답게 한참이나 멈춰 서서 조심스레 관찰하다 카메라에 담았다. 길가에 만발한 무궁화꽃이 이제 더러는 떨어져서 밟힌다. 무궁화꽃은 우리나라 국화라고 알려 주었다. 마음이 통하는 사람과 산책하니 흥이 나서 저절로 무궁화 노래가 나온다.

무~궁~화~
무~궁~화~
우~리 나라 꽃
삼~천~리 강~산에
우~리~나라~꽃

아주 짧은 노래다. 내가 부르는 노래를 녹음하고 싶다고 한 번 더 불러 달라고 한다. 목청을 가다듬고 한 번 더 불러 주었다. 짧은 가사라서 영어로 해석도 해주었다. 거리 계산하는 방법도 '~리'라고 알려 주었다. 삼천리에 꽃이 가득 핀 듯한 느낌이다. 삼천리의 어감이 좋다.

롭 박사는 모든 것을 아름답게 바라보는 눈으로 그냥 허투루 넘기는 일이 없다. 처음 우리 집 나무 대문을 여닫는 방식을 어떻게 해야 하나 고민했었다. 엄마는 어릴 적에 나무 대문을 어떻게 여닫았는지를 기억해내고는 현대식 잠금장치 없이 옛날 방식을 가르쳐 주었다. 열기는 쉽지만, 밖에서 닫기는 어려운 아날로 그식 잠금장치다. 손님들에게 대문을 여닫는 법을 가르쳐 주면 모두 신기해한다. 롭 박사는 마냥 신기해하며 사진에 담아간다.

롭 박사는 호주에서 가져온 두더지를 닮은 귀여운 인형을 유진이에게 선물로 주었다. 주머니개미핥기는 처음 본다. 호주 서부지역의 상징인 주머니개미핥기는 현재 멸종 위기에 처해있어 주 정부의 보호를 받는다고 한다. 개미핥기의 핥자는 'ㄹ'과 'ㅌ'을 받침으로 쓰는 글자라고 엄마의 국어 실력을 의심한 유진이가 친절히 가르쳐 주었다.

유진이에게 책을 좋아하냐고 묻더니, 책을 읽을 때 사용하라고 책갈피를 준다. 유진이 친구들을 생각해서 또 몇 장을 더 준다. 늘 이렇게 넓게 생각하고 배려한다. 나한테는 산책할 때 토끼를 좋아하냐고 물었다. 그 이유는 토끼 브로치를 선물로 주기 위해서였다. 선물하는 예의도 얼마나 격이 있는지 배울 점이 많은 친구다. 산책 후 배가 고플 것 같아서 우리 엄마가 보내온 반찬들을 내어놓았다. 한국 전통 음식에 관해 설명해주었다. 동갑내기라 건강에 관심이 많을 것 같아서 갱년기 여성에게 좋은 칡차도 마시도록 했다.

이틀이라는 짧은 시간이었지만, 마치 오랜 친구를 다시 만난 듯이 친해졌다. 서로를 깊이 있게 들여다볼 수 있었다. 비록 말로 다 설명되지 않은 부분이 있었을지라도 상관없이 느낌이 통하는 사이다. 좋은 친구를 만났다.

한국 문화의 뿌리인 유교, 불교의 유적지를 향해 또다시 걸음을 옮겼다. 더운데도 서로 힘껏 껴안고, 볼 키스 인사를 나도 어색하게나마 따라 하며 헤어짐의 아쉬움을 조금이나마 달랬다. 호주 산불로 동물이 가장 큰 피해를 입었다는 소식을 접했다. 동물에 대한 사랑이 지극한 그녀의 근황이 궁금해졌다. 동물들을 데리고 한국으로 오라고 할 수도 없고 안타까움이 크다.

말레이시아 목사 부부를 위해
흰 눈을 아껴 두어요

차디찬 겨울 흰 눈이 세상을 다 덮어버린다. 까맣던 기와지붕도 하얗게 변한다. 처마 끝이 네모로 둘러쳐 있으니, 이리저리 자갈들이 뒹굴던 마당도 네모 모양으로 하얀 눈이 덮인다. 옹기종기 모여 앉은 장독 위에는 어느새 하얀 눈들이 소복소복 쌓인다. 마치 소프트아이스크림처럼 솟아오른다. 마당을 가로지르던 징검다리 디딤돌도 더는 보이지 않는다. 대신 네모 모양의 하얀 양탄자가 펼쳐진다. 유진이가 때로는 흰 눈 위에 벌러덩 누워서 양팔과 양다리를 벌렸다 오므렸다 하면서 천사 날개를 그린다. 눈을 함부로 밟지 않도록 일러둔다. 하얀 눈이 저절로 다 녹을 때까지 조심스럽게 아껴둔다. 지붕 위의 눈은 햇볕의 강도에 따라 저절로 녹아내린다. 날씨가 차가우니 긴

고드름 수염을 만들어간다.

눈을 치우지 않고 그대로 남겨 두는 이유가 있다. 평생 처음 눈을 본다고 좋아하는 손님을 기다리기 위함이다. 겨울에 내리는 눈을 보고 싶어 한국에 오는 분들이다. 눈이 안 내려서 눈을 보지 못하고 그냥 아쉬워하면서 돌아가기도 한다. 한국에 있는 동안 눈이 내리지 않더라도 유진하우스에 남겨진 눈이라도 보게 해준다. 사계절의 구분이 없는 항상 따뜻한 나라에서 오는 여행객들은 눈을 보고, 만지며 좋아한다. 유진이가 애써 만든 눈사람도 마당 한쪽에 오랫동안 서 있다. 저절로 녹아내리기 전까지는 모양이 아무리 흉하게 변해도 그냥 겨울을 버티도록 내버려 둔다. 때로는 매서운 바람과 잠시 빛난 햇볕 때문에 눈썹과 팔이 날아가고, 모자도 날아간다. 모양도 흐트러지지만, 그냥 그렇게 서서 겨울을 지킨다.

겨울이 끝날 즈음 말레이시아 목사(Rev. Casey Sha) 부부가 또 왔다. 함께 김치를 담그고, 동대문 시장에 가서 이불과 베개 사는 일도 도와 드린 적이 있다. 작은 일이지만 도움을 드렸더니 더욱 가까워질 수 있었다. 한국에 온 이유가 다른 목적도 있었지만, 사모님이 눈이 보고 싶어서라고. 그런데 마당에 남겨 두었던 눈이 이미 다 녹아버린 뒤였다. 사모님은 건축학을 전공한 건축설계사다. 교회의 아이들이 모두 당신들의 자녀들이라고 여기며 산다.

사모님은 소녀같이 여린 분이셨다. 눈이 보고 싶어 어려운 걸음을 했다. 눈을 볼 수 있는 곳을 찾기 위해 이곳저곳 수소문했다. 벌써 3월이 가까워지다 보니 눈이 있을 만한 곳이 거의 없었다. 산속 깊은 곳이나, 온도가 낮은 곳인 산간지방에 전화해 보았다. 하루하루 다르게 온도가 올라가다 보니, 금방 눈이 있다가도 사라질 수 있다고 한다. 강원도, 충청도 등 조금이라도 눈이 남아 있을 곳을 다 찾아보았지만 허사였다.

그래도 다시 기억을 더듬었더니 꼭 남아 있을 만한 곳이 생각이 났다. 마침 그곳에서 교회 행사가 있다. 다른 교인 분들을 따라 목사 부부를 모시고 갔다. 감사하게도 내 예상대로 그늘진 곳에 몇 무더기의 눈이 남아 있었다. 그렇게 애타게 찾던 눈을 찾은 반가움이 얼마나 컸는지 소리를 지를 뻔했다. 눈을 조심스레 만지고, 기념사진을 찍었다. 사모님은 소원대로 작고 귀여운 눈사람을 만들 수 있었다. 아이처럼 좋아하는 사모님과 같이 눈사람도 만들며 행복한 추억을 쌓았다.

우리는 겨울에 눈 보는 것을 당연하게 여기며 살고 있어 눈의 귀함을 모르고 산다. 혹시 눈이 많이 오게 되면 낭만보다는 길이 질퍽거리고 미끄러지는 걸 먼저 걱정하게 된다. 집 앞에는 지나가는 사람들이 미끄러지지 않도록 눈이 내리자마자 쌓이지 않도록 치워야 한다. 하지만 우리는 쌓인 눈이라도 길모퉁이에 잘 모아 둔다. 우리 집에서는 눈이 귀한 대접을 받으며 손님을 기다린다. 눈이 오는 날은 괜히 마음이 설렌다. 의미를 부여하고 싶은 날이다. 눈은 늘 기쁨이며 선물이다.

레일라가 무료로 영어를
가르쳐드립니다

어느 나라나 마찬가지로 치매 환자가 늘어나고 있다. 영국에서 치매 노인들을 상담하느라 바쁜 시간을 보내던 레일라(Leila)가 왔다. 치매 노인들과 매일 생활하다 보니 자신이 때로는 상담을 받아야 할 지경일 때도 있다고 한다. 레일라는 한국을 아주 좋아한다. 잠시 일터를 벗어나 한 달간 부산에서 영어를 가르치는 자원봉사를 하다가, 서울에 잠시 놀러 왔다.

그녀는 원래 헝가리 사람이다. 한국말의 "사랑해요" 발음이 헝가리말의 Szeretlek(쎄레뜰렉)과 처음 두 음절이 비슷하다고 한다. 헝가리는 우리처럼 우랄 알타이 어족이어서 그런가? 헝가리인들은 자신을 아시아적인 유럽민족이라고 부른다고 한다. 우리는 시장을 가기 위해 시내버스를 탔다. 주위를 살피니 다행히 사람들이 많지가 않다. 소곤소곤 이야기를 나누었다. 서로 마음이 잘 통했다. 잠시 나눈 대화만으로도 몇 년을 알고 지낸 사이가 됐다. 수다를 더 떨고 싶어서 내려야 할 정류장을 그냥 지나치기도 했다.

레일라는 서울에 머무는 동안 한국 친구 부부 집에 이틀을 묵었다. 영국에서 만났던 친구인데, 아주 친한 사이인가 보다. 이틀 동안 친구와 함께 서울 여행을 실컷 했나보다. 페이스북에 온통 서울관광 사진뿐이다. 알아서 한국을 알리는 홍보대사가 됐다. 페이스북에 서울과 수원에서 있었던 일을 아래와 같이 표현했다.

I had a great time in Seoul/Suwon, thank you for showing unconditional love & treating me as Family!

그녀가 한국 청소년들에게 무료로 영어를 가르쳐 준다니 얼마나 고마운 일인가? 마음이 큰 사람이다. 삶에서 가장 중요한 가치가 무엇인지를 알고 실천해나간다. 미리 나하고도 사진을

찍자고 한다. 아무런 준비도 못 한 체 엉거주춤 사진을 찍혔다. 웃으면 조금이라도 괜찮게 보일까 싶어 이 표정 저 표정을 지어 보지만, 늘 어색해 보이기만 한다.

그녀는 부산으로 가서 영어를 가르치는 기간을 다 채우고 떠 났다. 우리는 페이스북에서 자주 소통한다. 오랜만에 손글씨로 정성스럽게 쓴 우편물이 왔다. 누구일까? 마음속으로 혹시나 짐 작이 가는 사람이 있기는 했다. 바로 레일라였다. 예쁜 마음이 날아왔다. 카드에 그려진 풍경이 얼마나 멋있는지 직접 따라서 그리고 싶을 정도다. 감성이 풍부하고 남에 대한 사랑이 특별하다. 이런 사람이 치매 환자들을 상담하는 일을 하고 있으니 안심이다. 얼마나 어른들에게 상담을 잘해드릴지 안 봐도 눈에 선하다. 카드 내용은 모국인 헝가리에 잠시 들른 이야기였다. 어머니 생신을 함께 보냈다고 한다. 오랜만에 가족을 보니 어린 시절로 잠시나마 돌아간 듯해서 행복한 시간이었다고 자랑했다. 이제는 영국으로 돌아가서 치매 환자들을 또다시 상담하고 있단다. 다시 마주한 일상의 이야기들을 빼곡히 보내왔다.

서른 살이 된 그녀는 한국 청년하고도 결혼할 수 있다고 한다. 그 이야기를 듣고, 또다시 중매를 하고 싶어진다. 이렇게 멋진 그녀를 아주 잘 어울리는 사람에게 소개하고 싶다. 나에겐 아홉 명 중매 경력이 있다. 중매를 잘한 덕분에 지금도 중매 턱으로 살아간다. 평생 고마움을 표현해야 한다며 아직도 그들은 내게 사랑을 잔뜩 베풀어준다. 이참에 한 명을 더해서 열 명을 채울까? 결혼하려고 하는데도 쉽지 않다고 한다. 외국인이지만 며느리로 삼아도 손색없을 정도로 모든 면에서 아주 참한 처자다. 부디 그녀의 예쁜 마음을 알아주는 사람을 만났으면 좋겠다.

팜 펜션을 꿈꾸는
스웨덴 청년 벤저민

서로가 잘 통하면 뭐든 이해가 돼 맞장구 칠 일이 많다. 급하게 일하게 되어도 이유도 묻지 않고 같이 행동해주는 그런 사람이 내 주변에 몇 있다. 벤저민(Benjamin)은 자신을 벤(Ben)이라 불러 달라고 한다. 그는 한 달 반가량 우리 집에 머물렀지만, 오랜 기간을 함께 살아온 듯하다. "유진아, 벤 오빠가 엄마 말을 가장 잘 듣네!"라고 말할 정도다. 요즘 청년들은 아무리 자기들을 위해 좋은 것을 주려 해도 잘 받아들이지 않는다. 그런데 벤은 그 반대다. 누군가의 말을 듣는다는 것은 실로 엄청난 일이다. 상대방에 대한 신뢰가 있어야 한다. 다른 사람이 하는 말을 건성으로 듣고 자기식으로 해석해서 서로 소통이 잘 안되는 경우가 허다하다. 남의 말을 듣는다는 건 그 사람의 마음을 얻는 것이다.

"5분 내로 도착해야 해. Ben, Are you ready? 은혜 씨도? 창수 씨도 모두 갈 수 있어요?" 설명할 시간이 없다. "그냥 가자! 가면 알게 된다"라고 숨 가쁘게 모두를 불렀다. 집 근처 종로구 어린이 전용 극장에서 공연이 있다. 공연이 곧 시작하는데, 우리집 손님 중에 시간이 가능한 사람은 다 오라고 연락이 왔다. 아직 밖으로 나가지 않은 손님들에게 지금 당장 공연을 보러 갈 수 있냐고 물었다. "OK." 젊은이들이라 응답도 빠르다. 대학로가 가까우니까 공연을 보기 위해 우리 집에서 머무는 손님도 있다.

그럼 뛰자! 가깝긴 해도 곧 공연이 시작되니까 일찍 도착해야 해. 후다닥 모두 뛸 준비가 됐다. 내가 앞장을 서고, 모두 쌕쌕거리며 힘을 내어 뛰었다. 뛰어가면서 뒤를 돌아보니 웃음이 저절로 나온다. "이게 한국식이야. 스릴도 있고, 재미있지? 미리 계획하지 않고, 초대하지 않아도 갑자기 오라고 하면 갈 수 있는 거야." 제목이 무엇인지도 중요치 않다. 신뢰하는 분이 특별히 생각해서 오라고 했으니 가면 되는 거다. 사실 며칠 전부터 공연에 초대한다고 김 단장님께서 오라고 하시기는 했다. 그런데 이것저것 따지고, 여유를 부리다가 이렇게 급작스레 가게 됐다.

　숨을 돌리고 보니, 스웨덴 안무가 카밀라 에클로프(Camilla Eckloff)와 한국 트러스트의 김형희 단장님의 합작으로 선보이는 2019 아시테지 여름 축제 참가작 〈2인 3각〉이다. 벤은 자기 나라인 스웨덴 출신 안무가와 무용수를 만나니 얼마나 반가울까? 공연 중에 스웨덴 동요도 나왔다. 벤과 벤 친구만이 알 수 있는 노래였기에 작은 소리로 같이 흥얼거렸다. 공연이 끝난 후, 스웨덴 안무가, 무용가와 함께 이야기도 나누었다. 우리는 갑자기 뭐든 할 수 있어. 벤, 재미있지? 한 달 동안 우리 집에 살면서 재미있는 일이 이것뿐이라!

나: "화장실이 비었는데, 왜 수돗가에서 양치질해요?"

벤: "마당에서 양치질하는 것을 더 선호해요."

나: "선호한다는 말은 언제 배웠어요?"

벤: "얼마 전에 배운 단어인데 외웠어요. 자꾸 써야지,
안 잊어버릴 것 같아요."

25살인 벤은 스웨덴에서 온 청년이다. '선호한다'는 단어를 쓰길래 웃음이 나왔다. 한자 문화권에서 온 사람도 아니고, 한국어를 배운지도 얼마 되지 않았다. 2년 전부터 한국어를 배우기 시작했고, 1년 정도 머물며 한국어학원에서 공부했다. 한 달 반은 우리 집에서 생활했다.

벤은 부모님이 이혼해서 18살 때부터 독립해야 했다. 자신의 삶을 책임지고 살았다. 이른 아침부터 하루 10시간 이상, 거의 25미터가 되는 긴 트럭을 운전한다. 주말에는 호텔에서 아르바이트했다. 남들보다 빨리 어른이 되었다. 새로운 것을 배우기를 좋아한다. 자신을 변화시키고, 성장하기 위해 늘 책을 읽는다.

벤은 대학을 졸업하지 않았다. 경제적인 여유가 생겨 대학에 갔지만, 그곳에서 계속 공부할 필요성을 못 느꼈다고 한다. 혼자 열심히 공부한 터라 지식도 풍부하고 판단 능력도 뛰어나다. 사리 분별이 확실하다. 고생을 많이 했지만, 남을 배려할 줄 안

다. 성실해서 주변에 친구도 많다. 앞으로의 인생 계획도 분명하다. 돈을 모아서 팜 펜션을 운영하려고 한다. 팜 펜션에 힐링을 더하면 좋을 듯해서 영월에 있는 수피움을 소개했다. 김수경 원장님께 건강에 관한 이야기는 물론 인생 이야기 등 피가 되고 살이 되는 삶의 지혜를 배워왔다. 장수에 계시는 박 선생님께도 가서 한국의 시골 생활도 엿보고 사랑을 듬뿍 받아 왔다. 어른들의 마음을 사로잡아 어르신들 모두가 벤을 격려하고, 도와주려 했다.

벤은 인간관계뿐 아니라 건강관리도 스스로 알아서 잘한다. 단식에 관한 책을 읽고, 2년 전에 1주일간 단식했다고 한다. 더운 여름날, 벤이 또 단식을 하겠다고 했다. 나는 평소에도 가끔 단식을 하곤 했다. 3~4일간 짧게 단식할 때는 물만 마셨다. 기간이 길어지면 효소와 같은 것을 마시면서 했었다. 그런데 젊은 청년이 7일간 오로지 물만 마시겠다고 해서 나도 얼결에 그러자고 했다. 내 나이도 까맣게 잊은 채, 젊은이를 따라 가장 어려운 방법으로 단식했다. 아침마다 따뜻한 물을 마셨다. 단식하는 동안 먹을 게 주변에 얼마나 많은지…. 핑계를 대며 그만두고 싶은 유혹이 늘 따라다녔다.

서로를 격려하며 몇 번의 고비를 넘겼다. 혼자였다면 의지가 약해서 며칠 만에 그만두었을지도 모른다. 1주일간 물만 마시는 단식에 성공했다.

보식은 내가 알고 있는 방법(한국식)으로 하자고 했다. 미음부터 죽, 주스 등 1주일 단식 기간의 2배인 2주간 보식을 했다. 단식보다 더 힘든 기간이 보식 기간이다. 한 톨의 밥알도 맛있게 느껴질 만큼, 뭔가를 먹고 싶은 갈망과 수많은 유혹이 도사리고 있었다. 가끔 타협도 하고 규칙을 어기기도 했다. 벤은 치즈 케이크가 너무 먹고 싶어 한 조각만 먹고 왔다고 한다. 반칙이지만 그 정도는 봐주었다. 벤은 내가 직접 만든 된장으로 끓인 된

장국을 좋아했다. 장독에서 금방 퍼온 막된장을 밥에 비벼서 맛 있게 먹는다. 한국 된장 맛을 벤도 알게 되어 기뻤다. 금방 따온 여린 상추를 된장에 찍어 먹으니 꿀맛이다. 단식과 보식 기간 우리는 같은 음식을 먹으며 한국어와 영어로 대화를 많이 나누 었다.

25년간 벤이 살아온 인생 이야기도 들었다. 부모님 이혼 후, 밥 먹는 것도 잊을 정도로 게임에 빠져서 밤을 거의 새웠다고 한다. 그래도 학교는 꾸준히 갔다고 하니 다행이다. 유럽의 복 지국가 중 하나인 스웨덴의 공교육에 대해서도 들었다. 모르 는 것은 언제나 질문할 수 있다고 한다. 한국어학원에서는 질문 을 자주 하면 눈치가 보였다고 한다. 게임을 하면서 보낸 시간 을 후회하는지 물었더니, 그런 점도 있지만, 그래도 영어는 잘 할 수 있게 되었다고 겸연쩍게 웃는다. 벤은 베트남에 여행 가 서 학원에서 영어를 가르치는 아르바이트를 했다. 차분한 성격 이니 강사를 해도 잘 할 수 있었을 듯하다.

벤은 스웨덴으로 돌아가기 전, 한국어를 가르쳐 주었던 학원 선생님과 친구들을 만나고 오더니, 한국어 잘한다는 이야기를 들었다고 한다. 혼자 매일 2시간씩 집중해서 공부한 결과다. 물 론 아침마다 한국어로 많은 대화를 나누고, 틀린 부분은 자주 고쳐 주었다. 말하기는 물론 어휘 수준이 아주 높아졌다. 스웨덴으로 돌아가서 5개월 후에 다시 한국에 오겠다고 한다. 한국에 다시 오는 이유 중 95%는 유진하우스가 좋아서라고 친구에게 말했다니 얼마나 귀여운가?

벤이 한국에 다시 오면 같이 갈 곳이 몇 군데 있다. 벤의 꿈을 이루는 일에 도움을 줄 사람들을 만나기로 이미 약속을 해 두었다. 누구든 벤에게 도움을 주고 싶어 한다. 유럽의 팜 펜션이 우리나라보다 더 먼저 시작되었겠지만, 한국에서 배우고 서로 접목하면 동서양의 조화를 이룰 수 있지 않을까. 벤의 인생을 응원하는 사람이 많다. 비록 벤의 부모들이 다 해주지 못한 것을 한국 엄마, 아빠, 삼촌, 이모가 되어 벤을 도울 것이다. 물론 벤은 야무지고, 자신의 삶을 책임질 능력을 이미 갖추었다. 책 읽기를 좋아하는 벤에게 이제는 책 쓰는 일도 권하고 있다. 어느새 나는 벤의 이모가 되었다. 지금도 그는 카카오톡으로 "이모 잘 지내요"라고 소식을 전해온다. 조금 더 먼저 인생을 살아온 인생 선배로서 벤의 삶이 더 풍성해지길 응원할 것이다.

Part 7

여러 삶이 깃든
한옥 게스트하우스

반짝반짝 빛나는

MBC 주말 연속극 〈반짝반짝 빛나는〉(2011)이 시청률이 오르면서 큰 인기를 차지했다. 마지막 클라이맥스를 향해 나아갈 즈음 유진하우스에서 촬영을 했다. 주인공 김현주 씨(한정원 역)와 게스트하우스 주인장이 나오는 장면을 유진하우스에서 찍어서 잠시 나오게 됐다. 우리는 우리 집에서 촬영해도 TV가 없어서 바로 방송을 보지 못한다. 그래서 확인이 느린 편이다. 지인들이 TV에 유진하우스가 나온다고 전화를 하면, 그제야 확인하기도 한다. 〈반짝반짝 빛나는〉 53화에도 2분 정도 잠시 나왔다. 역시 촬영 기술이 좋아서인지 우리 집이 맞나 싶을 정도로 클로즈업된 장면들이 멋져 보였다. 방송 이후 전화가 빗발쳤다. 거의 3~4시간 촬영분에서 2분 정도 잠깐 나왔다고 했더니,

공중파의 위력이 대단하다며 모두 감사히 여기라고 했다.

유진하우스에는 TV가 없다. 손님들이 한옥에 와서 TV만 볼 우려도 있고, 방이 작고, 방 사이 간격도 가까우니 옆방에 방해가 될까 봐 여러 가지 이유로 TV를 구비하지 않았다. TV를 안 보고 사니, 요즘 방영 중인 드라마도 잘 모른다. 일본 손님들에게 자세한 이야기와 뒷이야기까지 종합해서 듣기도 한다. 그렇지만, 한여름에는 마당에서 한국 드라마와 영화를 볼 수 있는 장비를 마련하고픈 생각이 들기도 한다. TV가 보편화되지 않았던 시절, 마을의 부잣집에 모여 앉아 TV를 보던 분위기만이라도 연출해서 〈반짝반짝 빛나는〉 드라마도 보고, 한류 영화 보기를 구상하고 있다.

드라마 촬영 섭외가 왔을 때도, 방영되는 것도 몰랐고, 시청률이 높은 최고의 드라마인 줄도 몰랐다. 심지어 드라마 이름도 〈반짝반짝 빛나는 별〉인 줄 알았다. 귀동냥을 잠시 했던 유진이가 〈반짝반짝 빛나는〉이라고 정확히 알려 주었다. 조카 은애는 배우 김석훈 씨가 우리 집에 촬영을 오나 싶어 울산에서 열심히 메시지를 보내왔지만, 아쉽게도 김석훈 씨는 오지 않았다. 설정은 김석훈 씨가 게스트하우스를 다녀간 후에 김현주 씨가 김석훈 씨를 찾아왔지만, 이미 그가 떠나간 자리를 아쉬워하는 장면을 찍었다.

드라마 촬영을 하는 동안 우리는 숨죽이고 있어야 한다. 손님들에게도 양해를 구해야 해서 웬만하면 촬영을 거절한다. 그리고 드라마 촬영을 위해서 스태프도 얼마나 많이 오는지 우리 집이 거의 마비가 된다. 드라마 촬영 모습을 보는 것도 흥미로운 일이지만, 몇 시간을 꼼짝 않고 주인공의 일거수일투족을 보며 숨을 고르다 보면, 주인공이 힘든 만큼 우리도 지치기 마련이다. 그동안 여러 번의 촬영을 통해 좋은 점도 있었지만, 가끔 어려운 점도 있었다.

한국드라마 촬영지를 기록으로 남기는 일본 분이 있다. 유진하우스가 드라마에 나온 장면을 홈페이지에 실어 둔 것을 검색하다가 발견했다. "반짝반짝 빛나는"이 「きらきら光る」2011年 MBC 全54話"로 검색되는데, 다른 촬영지와 함께 어느새 사진을 찍어 갔는지 우리 집 외부 모습이 보였다. 어떻게 알고 우리 집에 왔을까? 안으로 들어와서 차라도 마시고 갔으면 좋았을 텐데, 그냥 밖에서만 사진을 찍고 갔나 보다. 아쉬운 마음을 담아서 이메일을 보냈더니, 시간이 되면 한번 들르겠다는 답을 보내왔다. 다음에 한국에 오면 꼭 들러 달라고 부탁했더니, 그 후에 시간을 내어 와 주셔서 긴 이야기를 나눌 수 있었다.

유진하우스가 드라마에서 장소 협찬에 나오지 않아서 유진하우스를 찾느라고 종로에 등록된 모든 한옥 사진을 다 뒤졌다고 했다. 드라마에 나온 유진하우스의 방을 여러 각도에서 찍고, 유진하우스도 본인의 홈페이지에 다시 자세히 소개해주겠다고 했다. 정말 감사했다. 그날이 마침 중복(中伏)이라 삼계탕이라도 같이 먹자고 했지만, 아직 더 가야 할 로케지 촬영이 남아 있어서 해가 있을 때 가서 사진을 찍어야 한다고 더위를 무릅쓰고 갔다. 이런 정성과 수고에 누가 보답할 수 있을까? 혹시 한류 공로상을 추천할 일이 있으면 꼭 그러고 싶다. 다음부터는 오시면 꼭 우리 집에 오셔서 숙박하라고 말씀드렸다. 아무리 취미라 해도 자비를 들여서 늘 이렇게 다니니 가족들도 조금은 불만이 있지만, 경제에 부담을 주지 않고 직접 담당해서 아직은 괜찮다고 했다. 남편분은 사진을 찍는 것을 좋아해서 함께 다니며 사진을 찍기도 한다니 다행이다.

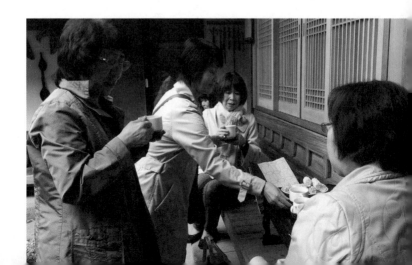

〈きらきら光る (반짝반짝 빛나는)〉 53회에 나온 촬영지가 유진하우스인 것을 알고 일본에서 김석훈 씨 팬 몇 분이 찾아왔다. 사실 김석훈 씨는 오지 않았고, 김현주 씨가 와서 찍었다고 전해주었다. 그래도 드라마에는 김석훈 씨가 자고 갔던 방이라고 설정돼 있어서, 방을 보여주었더니 그것만으로도 만족해했다. 이번에는 배우 김석훈 씨 생일파티가 있어서 모두 한국에 왔다고 한다. 먼 길 온 고생에 보답하는 의미로 차를 대접해 드렸더니 다들 잘 마셨다.

이렇게 한류의 바람을 일으켜 주는 분들이 자주 유진하우스에 온다. 우리가 할 수 없는 일들까지 감당해주시니 얼마나 고마운지 모른다. 유진하우스가 이런 분들 덕분에, 밀리언 스타 호텔(Million Star Hotel)이 되어간다. 오늘 밤에도 밤하늘에 떠 있는 수많은 별이 유진하우스를 반짝반짝 빛내주고 있다.

한국어 선생님
'유지나'를 소개합니다

유진이를 "유진아" 하고 부르니까, 외국 손님들은 유진이의 이름이 '유지나'인 줄 안다. "유지나는 어디 갔어요?" "유지나는 언제 와요?"라고 묻곤 한다. 한글을 공부해서 기초를 조금 아는 분들께는 이름이 '유진'이지만, 발음할 때는 연음이 된다. 그래서 '유지나'처럼 들린다고 가르쳐 준다. "이름 중에 아래 받침이 없을 때는 ~야라고 불러요"라고 친절한 설명이 필요하다.

유진이는 학교 들어가기 바로 직전에 겨우 한국어를 읽고, 쓰게 됐다. 다른 친구들은 3~4살 때부터 한글을 깨우치기 시작했다고 하는데, 무슨 배짱인지 한글을 가르치지 않았다. 3개월 만에 겨우 익혀서 초등학교에 갔다. 받아쓰기는 유진이에게 힘든 일이었다. 그래도 매일 연습하더니 결국 100점을 받아오는 실력이 되었다. 이렇게 어렵게 한글을 배운 덕분에 유진이는 사명감이 생겼다.

대부분의 손님들은 유진이보다 한국어를 잘하지 못한다. 유진이는 자기가 아는 한글을 손님에게 가르쳐 주는 일을 즐거워했다. 한국어 선생님 역할을 아주 잘 해냈다. 1학년 국어책은 한국어를 조금 할 줄 아는 사람들에게 좋은 교과서다. 교과서와 동화책으로 한국어 읽기를 가르친다. 한국어를 조금 배우기는 했으나 발음에 자신감이 없는 사람도 있다. 책 읽기를 통해 발음을 교정해준다. 한국어를 잘하는 사람에게는 받아쓰기를 시킨다. 일주일 동안 머무르는 손님과 매일 국어책을 함께 조금씩 읽어간다. 때로는 수업의 강도를 높이기도 한다. 유진이가 학년이 높아질수록 수준 높은 한국어 선생님으로 발전하는 중이다.

유진이가 일본에서 온 요시다(吉田)에게 읽기와 쓰기, 받아쓰기까지 골고루 가르친다. 몇 차례에 걸쳐 꼼꼼히 확인한다. 발음이 정확하지 않으면 다시 반복한다. 책도 학습자가 잘 보이도록 배려한다. 마치 놀이하듯 자기는 노련한 선생님처럼 거꾸로 읽어간다. 유지나 선생님에게 한글을 잘 배워서 자신감을 얻게 되었다고 좋아한다. 일본으로 돌아가면서 유진이에게 노트와 형광펜을 기념 선물로 주었다. 세계 각 곳에서 모였지만, 모두 마음을 열고 유진하우스에서 하나가 된 추억을 블로그에 가득 올려놓았다.

한류 팬이 많은 일본인들만 한국어를 배워서 잘하는 줄 알았는데, 요즘은 한류가 세계로 퍼져 한국어를 잘하는 외국인이 아주 많다. 유진이가 한국어를 가르쳐 준 학생도 아주 많다. 선생님이 되어야 하니 더 열심히 한국어를 배우고 익혔는지도 모르겠다. 사실 유진이도 그들과 함께 공부하며 배우는 시간이 많았다.

폴란드(Poland)에서 온 도로타(Dorota)가 유진이하고 한글 공부를 했다. 폴란드에서 한국어 공부를 해 왔는데, 이번 기회에 한국 문화와 한국어 공부를 더 하고 싶다고 한다. 서점에 가서 한국 관련 책도 구매하고, 여러 곳을 다니며 직접 한국 문화를 체험한다. 유진이하고 받아쓰기 공부, 발음 공부도 다시 하며 기초를 튼튼히 다졌다. 유진이와 도로타가 받아쓰기를 했다. 유진이는 80점, 도로타는 60점을 받았다. 외국인이 처음으로 받아쓰기 시험을 치는 것이라 좀 어려웠다. 유진이가 1학년이라 한국어 공부를 하고 싶어 하는 외국인에게는 좋은 경쟁자이자 선생님이 되기도 했다. 유진이는 도로타 이모에게 영어도 배웠다. 그리고 책을 읽고 있는 이모를 유진이가 예쁘게 그려 주었다.

요즘 유진하우스를 방문하는 사람들 대부분은 한국 문화에 관심이 많다. 한국어를 몇 마디라도 가르쳐 주면 모두 좋아한다. 특별히 재외교포가 방문하면 자기 이름이라도 정확하게 소개 할 수 있고, 몇 마디라도 더 익혀서 말할 수 있도록 도와준다. 모국어를 잊지 않으면, 한국인의 정체성을 잊지 않을 것 같아서 더욱 신경이 쓰인다. 여행을 와서 한국에 있는 동안 하루에 몇 마디라도 한국어로 말하며 익힐 수 있도록 미션을 준다. 한국어는 세계 어떤 발음이든 낼 수 있다고 자랑도 한다.

한류를 좋아해서, 한국어를 배우고 싶어 하는 사람이 늘어난다. 한국어로 노래를 따라 부른다. 한국어가 새겨진 물건들을 수집하는 세계인들을 볼 때마다, 한류가 고맙다. 한류의 방향을 잘 잡아서 세계로 더 멀리 불어가기를….

까까머리 목련 나무

100년은 족히 되었을 만한 목련 나무는 그 굵기나 높이로만 보아도 지내온 세월이 그대로 느껴진다. 우리 집을 묵묵히 지켜온 나무를 함부로 자를 수 없다. 가지치기만 해서 보존하고 있다. 서울 시내에서 이렇게 큰 나무가 있는 집도 많지 않을 테니 더욱더 귀하게 여겨진다. 해가 갈수록 나뭇잎도 더 무성해졌고, 잔가지들도 더 굵어졌다.

건넌방에서 문을 열고 밖을 내다봤을 때 목련 나무가 가장 잘 보인다. 삐죽이 열린 나무 대문 사이로 목련 나무의 밑동이 보인다. 파릇파릇한 잎들과 가지들은 지붕 위로 솟았다. 목련 나무를 바라보며 계절의 흐름을 가늠한다. 목련 꽃봉오리들이 봄을 애타게 기다리는 마음을 가장 먼저 위로해준다. 차디찬 겨울

날씨에 추위도 아랑곳하지 않고, 작은 봉오리를 맺어간다. 생명
력의 신비를 느낀다.

　새순을 삐쭉삐쭉 달고 나오는 모습이 아주 힘차다. 추운 겨울
쯤이야 거뜬히 이겨가야지 하면서 하루가 다르게 쑥쑥 자라 오
른다. 봄이 가까이 왔음을 알게 해준다. 하얀 꽃 몽우리가 곧 피
어나려고 준비한다. 따뜻한 봄날을 기다리기가 한결 수월하다.
햇볕을 많이 받는 쪽은 더 빨리 꽃봉오리가 피어난다. 음지쪽은
양지쪽 꽃들이 활짝 피고 나면 뒤따라서 봉오리를 맺는다. 서로
조화를 이루어 피어나는 모습이 장관이다. 꽃이 피어 있는 순간
이 너무 짧아 아쉬울 뿐이다. 목련꽃이 하루하루 변하는 모습을
마음속에 차곡차곡 담아둔다. 사진을 연신 찍어대며 목련꽃의
생사를 생생하게 기록해둔다.

　"나뭇가지를 다 자르면, 내년 봄에 목련꽃이 필 수 있어요?"
해마다 봄이 되면 맨 먼저 불쑥불쑥 꽃봉오리를 터트리면서 가
장 먼저 봄소식을 알려 주었던 목련꽃을 다시 못 보게 되나 싶
어 안절부절못한다. 안타까운 마음으로 목련 나무의 나뭇가지
들이 하나둘 잘리는 것을 보고 있다. 유진이는 몇 번이나 나무
를 자르는 곳에 가서 아빠에게 묻는다. 나뭇잎이 무성하니까 새
들이 다 날아온다. 좋은 보금자리가 되어 준다. 나무가 담벼락

가까이 있다.

　이웃집 담벼락 쪽으로 뻗은 나뭇가지에 앉았던 새들이 똥을 많이 쌌다고 이웃집에서 항의가 왔다. 새들에게 옆집 나뭇가지에는 앉지 말라고 이야기를 해 줄 수도 없고, 새들이 앉지 못하도록 가지치기를 해 달라는 말을 들어야 했다. 잔가지만 조금 자르는 줄 알았더니, 빡빡머리를 깎은 것처럼 다 밀어 버린 듯 잘라 버렸다. 속으로 깜짝 놀랐다. 새들의 보금자리도 없어지고, 유진이 말대로 봄에 목련꽃이 안 피면 어떡하나? 걱정된다. 내년 봄에도 잔가지가 나와서 목련꽃이 꼭 필 거라는 나의 바람까지 보태어 유진이에게 안심을 시켜 두었다.

햇살에 부딪힌 환한 목련꽃 봉오리들이 눈부시게 빛나면 멀리서 바라보아도 탐스럽기 그지없고, 집 안팎까지 환해진다. 아름다운 꽃이 피어 있는 순간은 한순간이다. 자주 내리는 봄비가 야속하게 꽃잎을 후드득 떨어뜨린다. 빗물의 무게에 눌려 성급히 떨어지는 꽃잎을 볼 때는 내 마음도 같이 내려앉는다.

우리 집에 와서 잠시 머물면서 만난 것도 인연이고, 기적이라고 생각한다. 언제, 어디서 다시 만날 수 있을까 싶어 떠나보내는 마음이 특별히 남다른 사람도 있다. 하얀 목련 잎이 떨어지는 날, 서로 마음을 주고받았던 사람이 떠날 때는 그 이별의 깊이가 더욱더 깊어진다. 이별의 아쉬움도 하얀 목련 꽃잎들과 함께 이리저리 갈피를 잡지 못하고 흩날린다. 목련 나무의 가지들과 잎이 무성히 자랄 때는 그렇게 빨리 자라더니, 가지치기하고 다시 가지가 자라려니 하고 하염없이 기다린다. 가지들이 새로 돋아날 기미가 안 보인다. 나뭇가지를 자른 지가 벌써 한 달도 더 지난 듯한데, 잘랐던 가지들이 수북이 쌓인 곳을 들여다보니 꽃망울이 조금 맺혀 있다. 아마도 나뭇가지에 남은 수분들로 꽃망울들이 생명을 이어가는 거겠지. 까까머리 목련 나무를 다시 한번 올려다본다. 내년 봄에는 목련꽃을 피워 줄 거니?

목련꽃

추운 겨울을 이겨 내려고
겹겹이 쌌던 껍질 봄비로 훌훌 벗고

따뜻한 봄 햇살 머금고
한잎 두잎 다소곳이 피어오른다.

하얀 봉오리 봉긋봉긋 웃으며
반가운 손님을 기다린다.

추운 겨우내 시린 마음도
꽃봉오리 하나씩 터지면
고개를 쑥쑥 내민다.
아린 마음을 봄날의 꽃에게 위로받는다.

불고기와
양념갈비는 달라요

외국인들에게 우리나라 음식 중 어떤 음식을 먹어봤고, 무엇을 먹고 싶은지를 물어보게 된다. 대부분은 코리안 바비큐를 먹고 싶어 한다. 그러면 나는 우리 동네 식당인 '목동(牧童)'을 소개해준다. 목동의 주인 할머니가 30여 년 전에 식당을 열었다. 그 명성을 지금까지 이어온 데는 그만한 이유가 있다.

옛날 집에서 주로 먹던 밑반찬들이 여러 종류가 나온다. 우리 집 단골인 일본 선생님 그룹은 목동에서 월요일과 목요일에 잡채가 나온다고 나보다 더 잘 꿰고 있다. 불고기와 양념갈비, 그리고 전골류 등을 비롯한 다양한 메뉴들이 많이 나와서 많은 사람들이 찾는 집이다. 유명 연예인들은 물론이고 정치, 종교에서 이름을 날리는 유명인사들도 옛날의 소박한 집밥이 그리울 때

목동을 찾는 듯하다.

　주인 할머니가 김치 대회에 나가서 대통령상을 받았고, 만두도 맛있게 만들어서 특별상을 받았다. 할머니 연세가 이제는 여든이 넘었다. 할머니의 손끝에서 나온 음식이 맛있어서 우리 집에 오는 외국인들이 한국 음식을 먹고 싶다고 하면 이곳을 추천하곤 한다. 이제 연로하신 할머니는 식당에 잘 나오지 않으셔서 자주 뵐 수 없지만, 특별히 유진이를 예뻐하셔서 가끔 용돈을 쥐여주던 기억이 난다. 그런데 얼마 전 목동은 문을 닫았다. 목동을 아는 사람들이 얼마나 아쉬워 하는지 모른다.

　일본 후쿠오카에서 온 히로미(ひろみ)짱은 중학교 때부터 한국에 관심이 생겨 한국어를 조금씩 공부했다고 한다. 벌써 10번 이상 한국에 왔는데도 갈비를 먹어본 적이 없다. 2인분 이상을 시켜야 나오는 음식이 양념갈비와 전골류다. 혼자 여행을 오면 밥 먹기가 아무래도 쉽지 않다. 그래서 혼자 온 손님 중에 특별히 마음에 남는 사람들이 오면 초대한다. 유진이와 함께 가서 돼지 양념갈비라도 먹는다. 손님 중에 숯불갈비(Galbi)를 먹고 싶었는데, 불고기(Bulgogi)라는 이름밖에 몰라서 불고기만 실컷 먹고 갔다는 이야기를 들은 뒤로는 생갈비, 양념갈비를 자주 추천해준다. 손님들이 갈비를 먹고 싶다고 하면, 미리 목동에 전

화를 걸어서 불고기가 아닌 갈비를 주문해주었다. 미리 부탁을 드려서 꼭 갈비를 먹고 가도록 도와주면 그 맛을 본 사람들은 모두 맛있다며 좋아했다.

웰빙 시대가 오면서 고기를 조금은 덜 먹게 되었다. 그래도 불고기와 양념갈비의 인기는 사그라지지 않는다. 고기만 먹는 것이 아니라 고기를 상추와 깻잎에 싸서 먹는다. 김치와 곁들여서 먹기도 한다. 다른 채소 샐러드와 함께 먹기 때문에 더 많이 먹게 된다. 언제 먹어도 질리지 않는 음식이라 손님을 접대할 때나 행사가 있을 때는 꼭 먹는다.

수원 화성에 구경하러 가는 외국인들에게는 수원의 숯불갈비가 아주 유명하니까, 특별히 숯불갈비를 꼭 먹고 오도록 조언해준다. 조리법이 조금 번거롭기는 해도 숯불로 구운 양념갈비는 세계 사람들의 입맛을 사로잡기에는 충분하다. 불고기와 숯불갈비의 차이점을 잘 설명해주어서 그들이 원하는 음식을 제대로 먹을 수 있도록 꾸준히 도와주어야겠다.

마음의 온도

조금은 이성적이지 못하다고 평가할 정도로 외가 식구들은 인정이 많다. 그래서 외가 식구들은 인원이 많은데도, 매번 모임에 거의 다 참석한다. 서로의 형편들을 잘 알고 지내는 편이다. 외삼촌, 이모들께서도 이제는 자녀들뿐만 아니라, 손자들까지도 장성했지만, 형제들끼리 만나고 헤어질 때는 서로 아쉬워서 잡은 손을 놓지 못하고, 아직도 눈물을 글썽거리곤 한다. 이런 분위기에서 자란 나는 사람 사이에 정을 나누지 않으면 마음이 오히려 불편하다.

일본의 정갈한 밥상처럼 우리의 사고와 행동, 그리고 정을 주는 일도 깔끔하게 하는 것이 현대의 삶에서는 서로 편할지도 모르겠다. 그러나 잠시 일본 생활을 할 때 늘 정갈한 밥을 먹다가 한국에 와서 가득 펼쳐진 상에서 느끼는 포만감은 밥을 먹지 않아도 이미 배부르다. 이렇게 흐드러진 밥상 앞에서 같은 솥 밥을 먹고, 찌개에 숟가락을 같이 넣어 먹으며 서로를 배려해 가고 정을 쌓아 왔나 보다. 맑은 물에 고기가 없다더니 너무 정리되고 깔끔한 생활은 금방 질린다는 사실을 알았다. 숨이 막힌다고나 할까? 시골에서 살았고, 많은 사람들 틈에서 부대끼며 살아왔던 터라 그렇게 깔끔하게 구분 짓는 일은 잘하지 못한다. 하물며 감정은 더욱더 그렇다. 때로는 이러지도 저러지도 못하는 순간을 맞아 쩔쩔맬 때도 허다하다.

요즘처럼 감정정리를 칼같이 하고, 내 것 네 것 구분 짓는 사람들이 많은 곳에서 살면서 가끔 내가 설 곳이 없다는 생각에 혼자 당황스럽기도 했다. 그래도 요즘은 감정 컨트롤도 나름대로 하고, 마음의 온도도 높낮이를 스스로 조절해가며 야무지게 살아가려고 애쓰는 편이다.

유진하우스에 오는 손님들에게 "우리는 특별한 인연이다"라고 자주 이야기한다. 수많은 나라 중 한국으로 여행을 와 준 것이 정말 고맙다. 서울 시내에 흔하디흔한 게스트하우스 중 우리 집을 선택해서 와준 사람들이 참 반갑다. 그래서 고마운 마음을 전하게 된다. 어느 나라에서 왔고, 어떻게 알고 왔냐고 물으면서 관계들을 따져 보면, 한 다리 건너 서로 엮여서 남인 관계는 거의 없는 것 같다.

중국에서 왔으면 우리도 중국에 살았으니 반갑고, 일본에서 와도 내가 젊었을 때 일본에 살았던 추억을 떠올리며 공감대를 형성할 수 있어서 좋다. 외국인들이 한국에 와서 가장 놀라는 점이 한국인의 따뜻한 정이라고 한다. 낯선 곳에 왔는데, 가족처럼 자신을 맞아 주면 경계심을 풀고 오랜 친구처럼 편한 사이가 된다. 서양 문화권에서 실용성과 합리성을 추구하며 살아온 사람들은 인간관계마저도 삭막해 보인다. 유진하우스가 마치 자기네 안방처럼 편안하게 느껴져서 좋다고 하는 이들이 많다.

한옥에 살면서 우리 가족끼리 산 적이 거의 없다. 다양한 인종의 사람들이 우리 집에서 지내다 갔다. 내가 새로운 사람과 인연을 맺는 것을 좋아하니, 게스트하우스 운영도 서슴없이 했는지도 모르겠다. 우리 집에 온 손님들에게 늘 네 집처럼 생각하고 편하게 지내라고 이야기한다. 손님들이 방 청소를 해주면 감사하고, 혹 청소를 하지 않아도 그냥 마음대로 하도록 내버려 둔다. 특별히 정해진 규칙 없이 대충 살다 보니 모든 게 뒤죽박죽인지도 모르겠다.

언어도, 인종도, 문화도 서로 다른 사람들이 유진이네 집에서 느낀 감정을 그대로 표현한 시를 읽는 순간, 내 눈가에 눈물이 맺혔다. 한 일생이 내게로 다가오는 일이었기에 그랬었나 보다. 때로는 마음 아파하고, 때로는 마음을 다독일 수 있었던 건 우리의 마음이 그런 바람을 몰고 와서 그런 건가 보다. 이제는 사람을 만

나서 잠시 보고만 있어도, 잠시만 마음을 열어도, 보일 것, 안 보일 것이 대개는 보인다. "그래, 이제까지 잘 살아왔다"라고 어깨를 감싸 안고 싶은 인생이 어디 한 둘이었겠는가? 인생의 짐을 잔뜩 지고 온 사람들이 얼마나 많았던가? 다 헤아릴 수 없다. 나 또한 부족함이 많은 사람이라 모두를 특별한 인연으로 다 만들지는 못했지만, 마음 한구석이 짠한 적이 한두 번이 아니었다. 손님들이 유진하우스에 온 것을 후회하지 않도록 하는 것이 나의 일이라고 여긴다. 내일 새로운 손님을 맞이할 마음의 온도를 미리 정하고 잠을 자야겠다.

한·중·일 음식 식사법

　　손끝 맛, 향기 맛, 눈요기 맛으로 먹는다고 한·중·일 세 나라의 음식을 비교하여 말하기도 한다. 어머니 손끝 맛으로 먹는 음식이 한국, 갖은 향신료를 사용하여 음식의 풍미를 더해 먹는 음식이 중국, 예쁜 접시와 온갖 장식으로 눈요기하며 먹는 음식이 일본이다.

　우리나라 음식은 발효식품과 저장식품이 많다. 주로 손이 많이 가는 음식을 만들어서 정성이 많이 들어간다. 재료에 따라 계절에 따라 식자재들을 잘 이용한다. 비록 같은 채소라 하더라도 토질에 따라, 나라마다 채소 상태들이 조금씩 달라서 레시피로 정확하게 설명하기 어려운 것들이 많다. 배추를 예를 들어보자. 우리나라 배추는 그렇게 크지도 않고 잎이 두껍지 않고 야

들야들하다. 중국과 일본은 배추가 두껍고, 뻣뻣해서 소금에 절이는 일부터 여간 어려운 일이 아니다. 그래서 한국에서 직접 담근 김치는 그 자체로 맛을 보장한다.

우리는 간장, 고추장, 된장만 기본적으로 있으면 웬만한 한국 반찬을 다 만들 수 있다. 중국에 살면서 우리의 3대 장류가 얼마나 귀한 것인지 알았다. 음력 날짜에 간장 담그는 시기를 맞추어야 한다. 메주콩을 삶고, 메주를 띄우는 일은 오랜 시간이 걸린다. 정성을 다해 메주를 만드는 곳에서 메주를 직접 사서 장을 담근다. 여간 손이 많이 가는 게 아니다. 이제 몇 번을 해 보니까 겨우 어떻게 만드는 건지 알았지만, 제대로 맛을 내기에는 아직 역부족이다.

중국에는 모든 음식이 풍성하다. 육·해·공의 모든 음식을 먹는 일이 어렵지 않다. 음식점도 얼마나 큰지 상상을 초월하는 규모를 가진 곳도 많다. 대형 수족관에 온갖 물고기들이 있고, 우리가 미처 생각지 못한 재료들까지 다 먹을 수 있다. 음식을 먹는 양도 사람이 저만큼을 다 먹을 수 있을까 싶은 양을 다 먹어 치운다.

중국 사람들은 음식을 먹다가 남겨야 제대로 대접했다는 소리를 듣는다고 생각한다. 그래서 음식을 아예 풍성하게 준비한다. 때로는 초대를 받아 가서 배가 부르면 음식이 아까워도 조금 남기는 편이 좋다. 그만 먹겠다고 굳이 말해도 통하지 않으니까. 채소는 센 불에 기름을 둘러 살짝 볶아 먹거나 꼭 데쳐서 먹는다. 생채소를 조리하지 않고 생나물로 만들어 먹는 한국의 음식 문화를 접한 중국인들은 깜짝 놀란다. 아무래도 기생충의 위험 때문에 그런 것 같다. 중국에는 우리나라 음식보다 훨씬 더 매운 고추를 사용해서 만든 사천요리(四川料理)가 있다.

중국 식당의 메뉴는 우리나라 중국집과 아주 다르다. 화교분들이 대부분 중화식당을 차려 한국식 입맛에 맞는 퓨전 중국식으로 발전시킨 것이 오늘날 우리가 먹는 중국집 음식이다. 그래서 중국의 식당에 가면 우리 입맛에 익숙한 중국집 음식을 찾기가 쉽지 않다. 특히 우리가 즐겨 먹는 자장면은 중국식 자장면과는 다르다. 한국 자장면에 길들여진 우리에겐 중국식 자장면이 좀 싱거워서 입에 맞지 않는다고 한다.

일본 분들은 음식을 남기지 않는다. 어릴 적부터 음식을 남기지 않는 예절을 철저히 배워서 가급적이면 음식을 남기지 않는다. 무엇이든 예쁜 그릇에 적당히 먹을 만큼만 담아야 한다. 양이 많아도 남기면 안 된다는 습성 때문에 맛이 없어도 다 먹기 때문이다. 음식을 준비할 때도 재료를 낭비하지 않는다. 설거지하기도 쉽고, 음식물 쓰레기가 거의 나오지 않으니 편리하다.

일본 슈퍼에서 파는 채소류들은 이미 다 다듬어진 상태여서 집에서는 바로 씻어 간단히 조리할 수 있다. 식사 때가 되어도 주방에서 칼질하는 소리를 잘 들을 수가 없다. 시금치, 콩나물, 숙주 같은 것으로만 나물 반찬을 만든다. 나물 반찬이라고 해봐야 종류가 아주 단순하다. 우리나라의 봄나물, 산나물, 말린 나물들처럼 다양하지가 않다. 그래서 다양한 나물을 간장, 된장, 고추장으로 밑간을 한 나물 반찬을 아주 귀하게 여긴다. 갓 지은 하얀 밥 위에 여러 종류의 나물들이 곱게 올려진 돌솥비빔밥이나 산채비빔밥은 건강에도 좋은 웰빙 음식이라고 모두 좋아한다.

옛날 우리 부모님 시대에는 밥 한 끼 배불리 먹기가 쉽지 않았다. 지금도 먹는 것에 집착해 특히 명절 때는 억지로라도 먹는 고문을 당해야 한다. 이제는 먹을 것이 풍부한데도 여전히 밥을 꼭 챙겨 먹고, 영양가 있는 음식을 잘 먹어야 한다는 잔소리를 들으며 산다. 우리 나이 또래는 숟가락과 쇠젓가락을 어릴 때부터 사용해서 사용법이 그리 어렵지 않다. 그러나 요즘 아이들이나 청소년들은 젓가락 사용이 조금 서툴다.

이제는 다른 나라 사람들이 우리나라 젓가락질을 배우려고 한다. 나무젓가락은 사용하기가 비교적 쉽지만, 쇠젓가락을 사용하는 것을 더 어려워한다. 쇠젓가락을 잘 사용해 온 문화가 소근육을 발달시켜 우리 민족이 똑똑해졌다는 이야기를 들은 적이 있다. 시대가 빠르게 변하고, 가족이 함께 식사하는 시간이 이제는 드물다. 생선 가시를 서로 발라서 밥 위에 얹어주고, 뚝배기에 끓인 된장을 온 식구가 함께 퍼서 먹었던 밥상이 사라지고 있다. 서로 얼굴을 마주 보고 도란도란 이야기꽃을 피우며 밥상에 둘러앉은 모습이 그립다. 밥상머리 교육의 부재가 심각한 사회 문제를 초래한다고 입을 모은다. 가족이 밥 먹는 시간도 다르고, 함께 머무르는 공간도 다른 경우가 많다. 하루에 한 끼라도 좋으니, 식구들이 함께 밥 먹는 시간을 다시 찾아가면 좋겠다.

외국어를 몇 개나
하냐고요?

일본어, 중국어, 영어를 조금씩 하다 보니, 다들 내가 외국어를 아주 잘하는 줄 안다. 나는 늘 "아줌마표로 밥 먹고 살 만큼만 해요"라고 말한다. 사실 학문적으로 깊이 배우지 않았기 때문에 부끄러운 실력이다. 단지 4개 국어를 한다는 사실로 모두 잘하는 줄 알고, 그렇게 믿어주려고 하는 것 같다. 사실 모든 언어에 바디랭귀지의 기본만 있으면 그리 어렵지 않다. 시장에 가서 눈치껏 물건을 살 수 있고, 어느 사회에 가서든지 적응하며 살 수 있다. 아줌마가 되고 보니 배짱도 생겼다. 어떻게든 서로가 필요한 부분을 단어 몇 개만 사용해서 소통하게 된다.

가끔 내 겉모습을 보고 일본 사람이냐고 묻는 이들도 있다. 일본어를 배운지도 오래됐다. 오히려 한국에 와서 일본 사람들과 교류하며 일본어를 더 많이 사용한다. 일본 사람의 피가 섞였나 싶을 정도로 일본 사람이 좋고, 음식이랑 문화도 거부감이 없다. 일본 손님의 특성상 일본 분들은 한 번 단골이 되면, 태도에 변함이 없다. 그래서 우리 집에는 오래된 일본 단골분들이 많다.

29살 되든 해, 결혼의 압박도 싫고, 다니던 직장도 힘에 버거워 나름대로 안식년을 가지고 싶었다. 친구가 사는 미국으로 가려고 했는데, 그 나이를 먹고 어딜 그리 멀리 가냐고 모두 나를 말렸다. 가까운 이웃 나라를 타협점으로 삼아 그렇게 일본으로 도망을 간 셈이다. 어린 학생들과 같은 학생 신분으로 일본어를 공부했다. 나이가 들어서 공부하다 보니 열심히 해야 할 동기부여가 없어서 일본어 공부를 열심히 하지는 않았다.

실생활에서 언어와 문화를 직접 배워야겠다는 생각에 현장에 대한 관심이 커졌다. 한 일본 대학교에 가서 복지학과 교수님을 만나 상담하기도 했는데, 유럽으로 가서 사회복지를 공부하는 것이 낫다고 하셨다. 인생에서 무엇이 중요한가를 생각해보니 결혼도 해야 할 듯해서 공부를 더 하는 일은 단념했다. 현지 한국 교회에서 한글학교 선생님을 하며 1년 반을 지내고 왔다. 일본은 참 깨끗하고 질서를 잘 지키는 나라였지만, 이웃과 다른 사람에게 간섭하지도, 간섭을 받지도 않는 사회 분위기여서 냉랭하게 느껴졌다.

중국에 처음 가서 중국어를 배우러 학원에 다녔다. 그 당시 사스(SARS)가 유행했다. 사회주의 국가여서 모든 생활이 강제적으로 통제되었다. 학생들은 학교 문밖으로 나오지 못한 채 몇 달을 지냈다. 우리가 사는 청도는 비교적 안전했지만, 다른 지역에서 못 오도록 통제하기도 했다. 학원에 다니다 보니 시간도 아깝고, 현장 회화가 더 급하게 여겨졌다. 결국 생활 현장 주변을 기웃거리며 중국어를 터득하기로 했다.

피부미용실에서 피부 관리를 받으면서 현지 사람들에게 중국어를 배웠다. 보이차 집에 자주 가서 몸에 좋은 보이차를 마시며 보이차에 대해 공부도 하고, 중국어를 배웠다. 그리고 가사도우미로 일했던 중국 분께 하루에 2시간 정도 중국어 수업을 받았다. 사전을 들고, 부엌에 있는 채소들의 이름을 하나하나 익혔다. 주변 물건들, 실생활에 필요한 단어들을 조합해 급한 대로 문장을 외웠다. 덕분에 해결해야 할 문제가 생기면, 통역사 없이 웬만한 일은 해결할 수 있었다.

해양대학교 조선어과(한국어과)에서 한국어 수업을 하게 되었다. 한국어만 사용할 수 없으니 학생들에게도 내가 중국어를 잘못 사용할 때는 고쳐 달라고 해서 조금씩 배우기도 했다. 중국에서는 TV로 볼 만한 게 거의 없었다. 그래도 자막이 나오니까 시대극 등은 공부도 할 겸해서 가끔 보았다. 중국은 나라가 너무 넓어서 중국 사람들끼리도 언어가 잘 안 통해 TV에는 꼭 자막을 넣어준다. 중국에서 살았던 기간이 일본에서 살았던 기간보다 훨씬 많은데도, 나는 일본어를 하는 것이 중국어 하는 것보다 편하다.

영어 문화권에서 산 적은 없다. 그래서 할 수 없이 학창 시절 배운 단어들로 겨우 궁색한 문장을 만들어 대화할 뿐이다. 서바이벌 영어로 버틴다. 자신감만 있으면 된다고 했던가. 용감하게 영어를 하다 보면 몇 단어로도 통하게 된다. 일본어, 중국어, 영어를 조금씩 하니까 손님들과 소통이 편해서 손님들도 안심한다. 나도 손님들을 세밀하게 관찰하고 관심을 표현할 수 있어서 다행이다. 때로는 서로 눈으로, 느낌으로, 바디랭귀지로도 더 통하기도 한다. 굳이 말로 해야 통하나? 서로 오감으로 마음을 활짝 열면 보일 것은 보인다. 말로 소통하는 것이 아니라 모든 느낌을 동원해야 한다고 아줌마의 뚝심으로 밀어붙여 간다.

글로벌 시대에 이렇게나마 어설픈 외국어를 하고, 세계의 수많은 사람을 만나서 교류하고 있으니 감사한 일이다. 이제는 우리나라를 방문하는 수많은 관광객에게 우리 전통문화를 잘 설명해 줄 수 있도록 다양한 언어를 습득하는 것도 중요한 일이다. 새로운 언어를 배우고 싶은 욕심이 나기도 한다.

오늘도 유진이는 '고멘네(ごめんね, 미안해)'가 어감이 좋다고 재미로 노래하듯 "고멘네, 고멘네"를 외치며 다닌다. 유진이는 집에서 다양한 외국인들을 만나니 앞으로 제대로 외국어를 공부하게 될 때는 무의식중에 들은 말들이지만, 큰 밑천이 될 것 같다. 외국어를 잘하는 비결은 그 문화권에서 생활하는 것이다. 그렇게 자연스럽게 배워서 터득하는 방법이 가장 쉽다. 그렇지 않으면 주눅 들지 말고, 자신감을 가지고 실생활에서 자꾸 반복해서 말로, 행동으로, 느낌으로 익히는 것이 가장 확실한 방법이다. 나도 손님들에게 조금씩 더 배워서 다른 나라 언어로 잘 소통할 수 있도록 노력해야겠다.

날마다 여행

"엄마, 오늘은 어디에 있으면 돼요?"

학교를 마치고 돌아온 유진이가 자기가 있을 방을 확인하는 말이다. 주로 우리가 기거하는 곳은 안방과 마루, 건넌방이다. 처음에는 유진이가 친구들 집에 놀러 갔다가 친구의 방을 보고는 자기도 예쁜 침대와 자기만의 방이 있었으면 좋겠다고 했다. 그런데 게스트하우스를 운영하면서 한 방을 정해놓고 정착해서 살기가 쉽지는 않다. 유진이의 살림살이를 싸서 자주 이동하며 생활하기 때문이다.

몽골 유목민도 사는데 우리야 감사한 일이라고 이야기한다. 유진이는 이 방 저 방 다 누리며 살 수 있으니, 모든 방이 유진이 방 아니냐고 억지를 쓰니 유진이도 하는 수 없이 조금 불편한 생활을 감수하며 산다. 그래서 우리는 손님들의 예약 상황에 따라 빈방을 옮겨 다니며 우리 집에서 날마다 여행하면서 살고 있다. 그러다 보니 손님의 입장이 돼서 방의 특성을 살피고, 불편한 점이 있다면 찾아서 보완한다.

유진이의 여권 만료 기간이 지났음을 한참 후에야 알았다. 어디론가 멀리 떠나는 일에 대한 마음을 접고 산 지가 오래되었다. 내가 가는 대신, 많은 분들이 우리 집에 대신 찾아와 주었다.

그리 특별히 어디를 가고 싶은 생각을 하지 않고 지낼 수 있었던 것은 늘 다양한 문화권의 사람들이 각기 다른 여행의 목적을 들고 유진하우스에 온 덕분이다. 손님 중에는 아무리 내가 친절히 대해도 무뚝뚝한 사람이 있고, 때로는 내가 손님인 듯 착각하도록 상냥하게 내 눈치를 살피는 손님들도 있다. 그런 손님에게는 내가 어찌 가만히 있을까. 이미 마음이 서로 통했는데….

세계의 수많은 사람들을 유진이네 집에서 만나면 잠시나마 한 가족이 된다. 아직 인생의 깊이가 얕아서 그들의 마음을 다 헤아릴 수 없음이 안타까울 뿐이다. 한국이 좋고, 한옥이 좋고, 유진하우스가 좋아서 돌아가기가 싫단다. 마음 가는 대로 살 수만 있다면 얼마나 좋을까? 때로는 그렇게 살아도 후회할 일이 더러 있기는 할 테지만 말이다.

노르웨이에서 온 대학생 세린(Serine Solheim)은 집으로 돌아가는 날 아침, 짐을 싸 놓고 한국에서 살고 싶다고 한다. 젊은 외국인이 한옥의 가치를 알아본다. 한옥에서 사진도 많이 찍었다. 짧은 기간이나마 한국어학원에 다녔다. 다양한 한국 문화를 즐기다 가는데도 아쉬움이 크다. 가끔 이런 손님들을 만나면 참 안타깝다. 내 힘으로 어찌할 수 없는 일을 만나면 마음 한구석에 멍울이 진다. 한 겹만 파고들면 다 그렇고 그런 인생의 희로

애락 속에서 조금씩 같게, 또 조금씩 다르게 하루하루를 살아가고 있다. 어설프나마 내 눈에 보이는 대로, 내 마음에 다가온 대로, 항상 그것 이상으로 뜨거워진 내 마음을 주체할 수 없어 그대로 퍼붓게 된다. 우리는 마음의 온도가 조금씩 데워짐을 느낀다. 유진하우스에서 만나는 인연은 '너'와 '내'가 허물어지고 '우리'가 되어간다.

앞으로 나의 이정표는 계속 사람들에게 관심을 표현하는 일이다. 인생을 살면서 쉼과 여유에 대해 자주 생각하게 되었다. 이제 제대로 된 쉼터와 공동체를 향한 비전을 가지고 살아가려 한다. 세계 사람들이 오고 가는 유진하우스에서 아름다운 삶을 나누는 공동체가 이루어진들 어떠리. 대안적 삶으로 공동체를 복원하는 사람들처럼 '유진하우스 공동체'를 꿈꾸어 볼까?

마흔에 겨우 얻은 딸의 이름을 딴 유진하우스를 연 지 어느덧
10년이 넘었다. 쉼과 배움이 있는 곳, 저절로 시가 읊어지고 책
을 읽고 싶은 공간을 만들고 싶었다. 지친 영혼이 쉼을 얻고, 창

조적인 사람으로 회복되기를 바랐다. 조용한 공간에서 자기 자신과 깊은 대화를 통해 삶의 여유와 에너지를 다시 얻게 되길 바랐다.

그동안 있었던 수많은 이야기를 다 담을 수는 없지만, 기억에 남는 추억들이 많다. 밋밋하게 스치고 지나간 인연들도 많지만 비록 짧은 만남이었더라도 마음속에 남아 평생을 같이 가는 친구가 되기도 한다. 지친 일상을 벗어나 잠시 유진하우스에 머물다 가지만, 생기가 나는 사람이 되어 돌아갈 때는 보람을 느낀다. 민간외교를 잘 감당해 가는 일이라고 칭찬을 들으면, 마음 한편으로는 부담이 되지만, 새로운 힘을 얻기도 한다.

한옥에서의 삶은 편리함과는 조금 거리를 둔 채, 우리 스스로 몸으로 부딪치며 사는 삶이다. 자연의 변화에 민감해야 한다. 아침이 오고 저녁을 맞는 것만이 아니라, 계절이 바뀌는 시점을 빠르게 감지해서 대응해야 한다. 작은 불편함이 평안함으로 여겨지기까지는 긴 인내의 시간이 필요했다. 다양한 세계 사람을 맞으면서 산다는 건 문화와 습관이 다름을 인정하고, 불편한 점을 순발력 있게 알아차려야 한다. 몇 마디의 간단한 외국어로 소통하는 것으로는 부족하다. 미처 말하지 않은 부분까지도 온몸으로 느끼고 반응해야 한다.

어려운 조건 속에서 어설프게나마 우리 문화를 보여주며, 따뜻한 정을 나누는 일이 절대 쉽지만은 않았다. 다양한 사람들을 맞으며 생활하는 일에 흥미를 느껴도, 때로는 남모를 어려움도 뒤따랐다. 다른 사람들에게는 쉼과 휴식을 내어주는 대신, 내 시간과 수고를 아끼지 않는 분주한 일상이 항상 즐거울 수만은 없었다. 단체 손님이 와서 우리가 머물 곳이 없을 때는 다락방에서도 자고 찜질방에서도 자야 했다. 우리 삶을 다 보여 주면서 살아야 하니까 사생활까지 늘 공개되는 불편한 점도 많았다.

코로나(COVID-19)와 같은 천재지변으로 인해 손님이 안 오는 때는 대문을 잠근 채 "우리끼리만 살게 되었네!"라며 오랜만에 가지는 가족만의 삶을 감사히 여길 정도였다. 비록 경제적으로는 어려워도 남들도 다 겪는 어려움이니 마음을 비우고 잠시 휴식 시간을 가졌다. 이곳은 은둔의 장소가 되었다. 이제까지 달려온 모습을 되돌아보고, 또 앞으로는 어떻게 나아가야 할지를 고민하고 준비하는 귀한 시간이었다.

결혼 후, 9년이 지나 유진이를 낳았으니 늘 식구가 단출했다. 사람들을 좋아하다 보니, 누구든 우리 집에 오는 것을 환영했다. 머무는 동안 자신의 집처럼 여기면서 지내라고 이야기를 해 두면 서로가 편하게 지낼 수 있었다. 이렇게 방을 비워두지 않고 필요한 사람에게 사용하게 하는 '빈방 공유경제'를 이미 실천하고 있었던 셈이다. 지금 세계적으로 유명한 에어비앤비(Airbnb)는 우리 집에서 일찌감치 이루어지고 있었다. '소유가 아니라 존재, 움켜쥠이 아니라 내어줌'이어야 한다는 생각을 잊지 않으려 했다.

지붕 위에 날아온 새가 엄마의 큰 목소리에 놀라 날아갈까 걱정을 하던 5살 유진이는 어느새 고등학교에 갈 나이가 되었다.

올해 고등학생이 되어야 하지만 스스로 자기의 길을 개척하겠다고 자발적으로 학교를 그만두었다. 알아서 자기 주도적인 삶을 살기 시작한 것이다. 조상들이 살아온 한옥에 살면서 느끼고 배운 것과 세계에서 온 다양한 사람들에게 배운 것을 밑거름 삼아 자신만의 삶을 일구어 간다.

유진하우스는 어떤 면에서는 유진이에게 이미 글로벌학교였다. 소소한 즐거움과 잔잔한 기쁨이 있는 산 경험의 장소였다. 외국인들과 잦은 소통을 하다 보니, 유진이는 다른 나라의 문화, 역사는 물론 언어에 대한 관심도 크다. 특별히 오랜 기간 동안 우리 집에 머물면서 많은 시간을 함께 보낸 일본인 선생님들의 영향을 받아서 그런지 일본어 배우기를 아주 즐거워한다. 선생님들은 유진이가 어떻게 자라는지 늘 관심을 두시니, 함께 키워 가는 셈이다. 행복한 어린 시절을 보내는 것이 평생을 간다고 하는데, 세계에서 온 많은 사람들에게 사랑을 받으면서 살아왔으니 감사할 뿐이다.

10년 동안 유진하우스로, 또 김태길 가옥으로 세계인과 한국인들의 다양한 삶을 담아왔다. 세계가 하나의 마을이 된 지구촌 시대, 우리 것에 대한 재발견이 곧 세계와 소통하는 길임을 배웠다. 유진하우스는 나와 너, 한국과 세계가 만나는 곳이다. 어제를 성찰하고 내일을 기대하며 쉼을 통해 기쁨을 나누는 곳이다. 앞으로는 어떤 모습으로 변화해 나가며 많은 이들의 욕구를 충족시켜가야 할지 고민해봐야겠다. 새로운 복합 문화공간으로 미래를 보는 한옥, 생명의 한옥이 되기를 소원한다.

유진하우스를 이제까지 아껴주면서 물심양면으로 도와주신 많은 분들께 감사를 전합니다. 유진하우스에 언제든 또 놀러 오세요.

2020년 5월

유진 엄마

김영연